SDGs時代の 森林管理の理念と技術

Sustainable Development Goals

森林と人間の共生の道へ

[改訂版]

山田容三

昭和堂

はじめに

『森林管理の理念と技術』の初版を出してから10年が経ち，社会情勢が変わるとともに，ICT技術やAIの発展と普及が目覚ましく，森林・林業をめぐる状況も大きく変わってきました。森林管理の技術面では，『森林管理の理念と技術』で主張していた内容のいくつかは実現されてきました。例えば，森林の公益的機能を国民が守るべきという主張に対して，2019年に森林経営管理法が施行され，国税の森林環境税を財源とする森林環境譲与税により，市町村行政が手入れ遅れの私有林の経営管理を進める体制が構築されました。また，零細な森林所有をまとめる団地法人化については，第三者機関を設立することによる森林信託事業が一部の地域で始められています。さらに，林業技能者の習熟過程に合わせた段階的研修とキャリアアップについては，緑の雇用事業の中で，3年間の段階的なフォレストワーカー研修，ならびにフォレストリーダー研修とフォレストマネージャー研修へのキャリアアップの教育体制が実現されています。

最も大きな革新は，林業へのICT技術の導入です。これまで極めて曖昧にしかとらえてこられなかった森林資源管理が，単木ごとに極めて精確に立木位置と材積あるいは幹の形状まで押さえられるようになり，精密林業が実現できるようになりました。しかも，これらの膨大な情報をクラウドに載せることにより，森林管理から木材のエンドユーザーまでが情報を共有できるようになり，木材のサプライチェーンを革新する可能性が高まっています。すなわち，経験と勘に頼る昔からの慣習的な林業を払拭し，ようやく森林管理が科学的に行えるいわゆるスマートな林業の時代になりました。

このように森林・林業をめぐる社会情勢は変わり，精密に森林管理ができる世の中になってきましたが，このような時代だからこそ，森林所有者と監督行政ともに森林管理にしっかりした理念を持って取り組まなければ，情報化社会の流れの中で，森林の存在意義を見失うことになりかねません。そこで，これまでの人間と森林の関係を振り返ってみましょう。

国破れて山河あり（国破山河在）。これは中国の唐時代の大詩人，杜甫の五言律詩「春望」の有名な冒頭句であります。この冒頭句の意味は，戦乱によって国は滅びてしまいましたが，山や川は昔のままの姿で残っていることを憂い，自然のリズムの中では，人間の栄枯盛衰などは儚いものだという思いが込められています。私たちも久しぶりに故郷に戻ったときに，山や川が子ども時代と変わらない姿で迎えてくれて，懐かしさを感じます。

しかし，その山や川が20世紀後半からの数十年間に自然のリズムを超えて大きく姿を変えてきました。実に日本の山や川のほとんどは長い年月をかけて人間とのかかわりあいの中で形作られてきたものであり，それゆえ山や川を利用する人間の生活とともにその姿は変えられてきました。ちなみにここでいう山とは地形としての山だけではなく，そこに生えている森林も含まれます。日本では平地は農耕のために開拓され，山に森林が残されたため，森林のことを山と呼ぶ習わしが古くからあります。

人間の生活が山すなわち森林と密接なかかわりあいを持って営まれていた時代は，人間と森林の関係は持続可能な状態に保たれていました。森林から恵みを受けるとともにそのような森林を大切に手入れしてきました。そして，森林で涵養される水資源が川を維持し，船による交通の動脈となり，人間の生活を潤してきました。

そのような自然との共生社会が1950年代のエネルギー革命を機に崩壊すると，豊かさを求める人間の生活は森林や川から切り離されたものになってゆきました。森林は木材を得るところという経済的な価値だけが重視され，スギやヒノキなどの針葉樹への人工林化が急速に進められ，山の姿は大きく変わってゆきました。一方，川は水資源と電力エネルギーを搾取するためにダムで寸断され，そして防災のために降った雨を速やかに海に流す排水路の役割が重視され，川の姿も変わってゆきました。

このような経済性と効率化を追い求める高度経済成長期の社会では，森林や川も一面的な価値観でしかとらえられず，そのしわよせをもろに受けてきました。しかし，その価値観は経済成長が鈍り始めるとともに，森林においてほころびを見せ始めました。20世紀末には長引く木材価格の低迷による人工林の手入れ不足が全国的に広がり，間伐遅れの荒廃した山が増えてゆきました。この林業不振に追い打ちをかけるように，1970年代頃から「木を伐ることは自然破壊だ」とする自然保護運動が高まります。この林業批判の世論の動きは日本の森林政策を「森林の多面的機能の発揮」に大転換させるきっかけになり，森林は木材生産機能よりも水源涵養機能などの公益的機能が重視されるようになってきました。

確かに，多面的な機能を有する森林を上手に利用しながら，森林と人間のかかわりあいを取り戻すことは大切なことだと思います。それゆえ，ボランティア活動，グリーンツーリズム，森林セラピー，森林環境教育等々の新たな森林利用の動きを通して，少しでも多くの人が森林と接する機会を増やすことは良いことだと思います。しかし，この多面的機能の促進の動きには，森林を持続的に管理する主体がなにかという大事なポイントが欠けていました。

21世紀に入ると地球温暖化問題が深刻になり，二酸化炭素吸収源としての森林の持続的な管理と，木材をはじめとする木質バイオマスの利用促進に関心が高まってきました。木質バイオマスは，二酸化炭素を増やすだけの化石燃料に代わるカーボンニュートラルで，しかも再生可能な自然エネルギーとして注目されるだけではなく，製品化のための消費エネルギーが極めて低いクリーンなエネルギーで，その材料としての木材が再認識されつつあります。しかし，その価格は安く抑えられたままで，しかも量的な安定供給を求められるため，バイオマス生産の回転効率が良い皆伐による短伐期の人工林の考え方が復活し，まとまった面積で集約的に森林を管理することと大規模な機械化による低コスト化が模索されています。その動きをバックアップするために林野庁は新生産システムや低コスト作業システムなどの施策を講じてきました。

そして，令和の時代に入り，森林の公益的機能を維持するために，国民の税金で手入れ遅れの私有林を管理する森林経営管理法が成立しました。また，バイオマスエネルギー利用のみならず，セルロースナノファイバーや液化燃料などの木質原料の新たな利用のための技術開発が動き始めています。その一方で，世界的な森林の減少による生物多様性の劣化が問題となり，人工林においても生物多様性を維持することを求める動きが高まり，基本的に皆伐が否定されるとともに，非皆伐で長伐期な森林管理が推奨されています。

このように相反する森林管理への要望を踏まえて，人間社会の変化とともに森林の姿が変わってきた経緯を振り返りつつ,「これからの森林管理はどのようにあるべきか?」今こそしっかり考える必要があります。おそらく多くの森林所有者はこの問題に頭を悩ませていることと思います。ここでは考えるべき森林の機能が多すぎることも問題ですし,最近の森林に関する動きがめまぐるしいことも話を複雑にしています。しかし,本質的な問題として持続可能な森林管理の主体となるべき林業が経済的に成り立たないということが根底にあります。すなわち経済的な見通しがつかない中では,森林管理のこれからの方針が見出せないという混沌とした状態にあります。

産業としての林業が追い求める経済性原理も,社会が求める公益的機能の発揮も,レクリエーションや森林セラピーとしての新たな利用も,森林を管理していく上でそれぞれ重要な要素には違いありません。しかし,時代時代にひとつの要素だけに偏った見方で森林に接することで,私たちは森林管理の持続性を見失ってきたのではないでしょうか。森林とかかわりあいを持ち,持続的に管理していくためには,技術論や方法論や政策論だけでは解決できない課題があると思います。

日本の森林管理には思想がなく,林学には哲学がないといわれます。経済性原理による社会の変化に惑わされることなく,100年,200年の計を持って森林を持続的に管理するためには,森林所有者や森林計画の立案者から始まり森林作業を実行する林業労働者に至るまで森林にかかわる全ての人が,しっかりした理念を持つことが望まれます。

この森林管理の理念の基になるものとして,私は環境倫理と日本の自然思想に注目しました。環境倫理は生態系を重視していますが,原生自然が少ない日本の森林の現場に合わない面もあります。そこで,この本ではグローバルには環境倫理の概念を尊重し,ローカルには人間の自然へのかかわりあいを尊重する日本の自然思想に学ぶという姿勢で森林管理の理念を整理しました。

そして,持続可能な森林管理を実現するために,森林の環境保全と人間の森林利用のバランスを取る方策について,森林管理の理念から技術面に至るまでの全体を体系的に取り扱う必要性を感じ,この本では以下の4つの視点に立って,これからの森林管理について考察します。

① 森林生態系を重視し,面域の総体として生物多様性の時空間的な持続を

目指す視点。

② 森林の取り扱い方，路網の入れ方，作業技術にスタンダードなものはなく，その森林をよく知り，その森林に合った方法を選択することを基本とする現場重視の視点。

③ 森林を管理するのは人間であり，森林にかかわる人間サイドに立って物事を考えるという良い意味での人間中心主義の視点。

④ エネルギー革命以来，私たちの生活面で失われた森林とのかかわりあいを新たに再構築する視点。

これらの視点は何も目新しいことではなく，ごく当たり前のことであるにもかかわらず，これまでの森林管理と森林利用の現場ではあまり重視されず，実現されてこなかったことではないでしょうか。すなわちこれまでの森林管理の現場では対象となる森林と森林を管理する主体となる人間が軽視されてきたことに他なりません。例えば，木材生産の経済性を追い求める視点では，森林の生態系が無視されるだけではなく，そこに働く人間の安全や良識を無視することにもつながります。また，反対に生態系を過剰に重視する純粋に科学的な視点では，森林を管理するという経済性が無視されるだけではなく，そこに働く人間の負担を無視することにもつながります。

私は木材生産の技術を研究する森林利用学の研究者であり，その中でも森林で働く林業技能者のことを研究する労働科学ならびに人間工学を専門としていますが，人間を扱う視点から森林利用のあり方や環境保全とのバランスを考えた森林管理の進め方などについて疑問と関心を抱いてきました。もちろん，森林政策学・森林経営学・森林計画学の専門家でも，ましてや造林学の専門家でもありませんが，森林で実際に作業を実施する森林利用学が持続可能な森林管理に向けたしっかりした方向性を持つべきだと常々考えておりました。

この本では森林をめぐる昨今の動きと用語を幅広く紹介して整理するにとどめ，詳しい専門知識についてはそれぞれの専門書に譲ります。また，内容的にはまだまだ不勉強なところも多々あり，考察の足りない部分や間違いも多いかと思われますので，皆様からのご意見とご叱責を賜れば幸いです。

令和元年12月16日

著　　者

目　次

第Ⅰ部

森林管理の理念

第１章　経済性原理による森林管理の破綻

あるインドネシアの留学生が初めて日本に来たとき，飛行機の窓の下に広がる緑の世界を見て驚き，「日本はこんなに豊かな森林を持っているのに，なぜ私の国の森林を荒らしてまで木材を買っていくのか」ととても疑問に思ったという話を聞いたことがある。このような疑問を持つ外国人は決して少なくないように思われる。彼らには日本が自国の森林を伐らずに温存しながら，自国で消費する木材を熱帯や寒帯の原生林から略奪しているように映るのであろう。確かに日本の木材需要は7割を外国からの輸入に頼っているが，決して自国の森林を温存しようという意図的なものがあるわけではなく，結果としてそうなってしまったという事情がある。その事情を引き起こした張本人は，端的に言うと経済性原理で動く市場至上主義に他ならない。そして，この経済性原理が一見緑豊かに見える日本の森林を蝕んでいるのである。

日本の国土は3780万haあり，そのうちの2505万haが森林である。すなわち，国土の66％が森林で覆われる日本は，まさに緑豊かな国である（林野庁2019a)。森林の種類と所有をもう少し詳しく見ていくと，自然に次世代への更

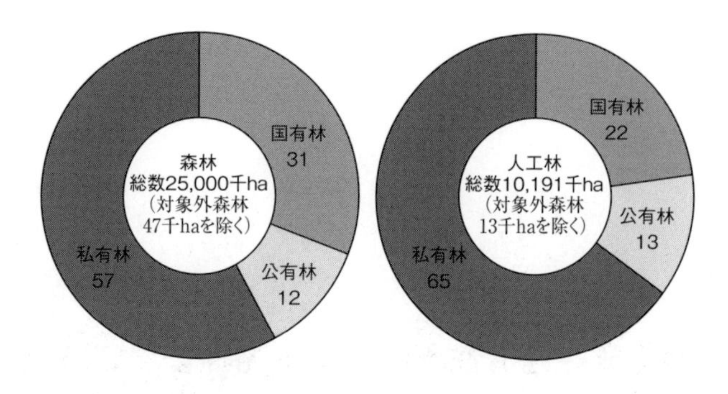

図1-1　所有別森林面積割合・人工林面積割合（%）
出所）林野庁（2019a：参考資料2頁）より筆者作成。

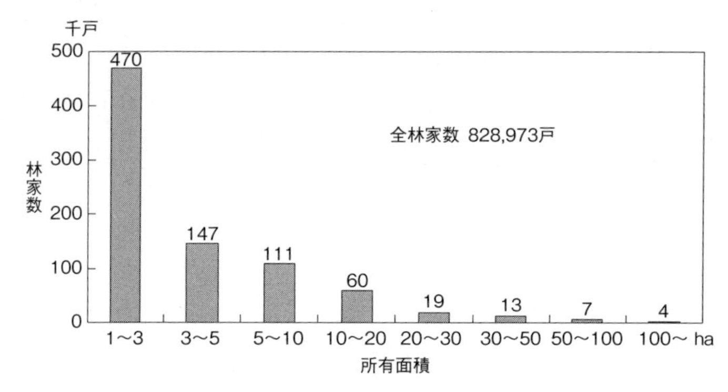

図1-2　森林所有面積別林家数
出所）農林水産省（2015：3）より筆者作成。

新が行われる天然林は1348万haあり，人間が苗木を植えて更新させる人工林は1020万haある。森林の所有形態では，国有林が766万ha，都道府県や市町村などの所有する公有林が300万ha，そして個人あるいは会社が所有する私有林が1435万haあり，私有林は日本の森林の57%を占めている（図1-1）。また，私有林には人工林が多く，その面積は総計657万haになり，日本の人工林の65%を占めていることになる（林野庁 2019a）。

日本の森林には森林計画制度があり，国有林，公有林，私有林にかかわらずすべての森林に森林計画が立てられている。国有林や公有林は，森林の所有者が国または地方自治体であるため，森林計画による森林管理が比較的行いやすい。しかし，私有林は全林家数が82万9000戸にのぼり，そのうちの56.7%が

3ha以下の小規模林家である（図1-2）（農林水産省 2015）。そのため，森林計画は立てていても適切に森林管理が行われていない人工林も多く，間伐遅れや施業放棄の問題を引き起こしている。この本では「森林と人との共生を目指す」ことをテーマにしているが，とりわけ森林管理上の問題の多い私有林の人工林管理に焦点を当てながら，より広い流域の森林，あるいは日本全体の森林における「持続可能な森林管理」のあり方について論を進めてゆく。

1 社会情勢の変化と森林管理

私有林における森林管理は，人工林あるいは天然林から木材を生産し，それを木材市場で販売して得られた収益により維持されてきた。この生業が林業であり，森林の木材資源が絶えないように維持すること，すなわち資源の「保続」が林業の基本理念である。

しかしながら，林業は木材の需要と供給という市場原理に左右されるとともに，木材価格とコストという経済性原理の影響を受けるため，人件費が高騰する近年，森林管理は木材価格の変動に敏感に反応することになる。このような市場原理や経済性原理による森林管理には限界が現れており，その典型的な例を第二次世界大戦後の60年間に見ることができる。第二次世界大戦後，森林観はめまぐるしく変化しており，そこには社会情勢と世論に翻弄される哲学なき森林政策の姿が浮き上がってくる。

奥地林の開発

第二次世界大戦中（1941年～1945年）は軍需物資の調達のために戦時強制伐採が行われ，図1-3に見られるとおり伐採面積が急増しているが，同時に造林も行われていた。終戦後も戦災復興のために木材需要は減ることがなく，戦後の混乱の中で造林が行われないまま森林の乱伐が数年間（1945年～1950年）続いた。これにより人家や都市部に隣接する里山をはじめ身近な森林の荒廃が特に激しくなり，その面積は1950年に33万haに及んだ。その多くは里山の私有林であり，はげ山状態に近いこのような荒廃林地は度重なる水害をもたらした。この水害対策のために荒廃した森林の植林を進めるとともに，木材需要に

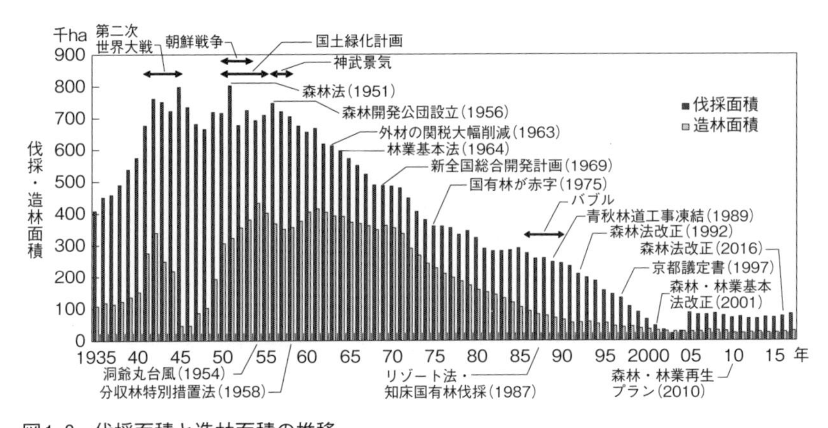

図1-3　伐採面積と造林面積の推移

出所）林野庁（1964，1982，1992，1996，2003，2007b，2010，2019b）より筆者作成。

応えるために奥地林の開発が求められた。その当時の世論を1951年8月30日の朝日新聞社説「森林成長量の低下を防げ」に見てみよう。

「もし耕すべき菜園の半分を雑草の生い茂るままにしておいて，高い野菜を買い，生活の苦しさを嘆くものがあるとすれば，その人は怠慢を責められても致し方あるまい。ところがわが国の狭い国土で木材の不足を嘆きながら，なおかつ利用可能材の45パーセントにあたる約799万町歩の森林を未開発のままにしているのである。」

「菜園の雑草は刈り取られなければならないように，未開発林には林道を開通して，どしどし生産化されねばならない。需給のアンバランスが，いまこれを強く求めているのである。」

「暗黒な奥地林に林道を通じ，人工的に林相を改良すれば，停止している成長が若返って伸びて来るのである。やがて全国の森林の成長量が増して需要量に追いつき，さらにこれを追越すことによって，需給のアンバランスを逆にすることも望み得ないことではない」(朝日新聞社 1951)。

このような世論を受けて，1950年より緑の羽根募金と全国植樹祭が始まり，官民上げての緑化運動に高まり，1956年には荒廃林地がほぼ姿を消すことになる。1951年には森林法が公布され，森林計画制度が樹立された。その一方で，森林を健全にするために老齢過熟で生長の悪い天然林を人工林に転換すべきと主張する予定調和論が一般社会でも受け入れられ，世論は木材の生産力を高めるために奥地林の開発に努めるべきことを強調した。ちなみに予定調和論とは，木材生産のために優れた森林管理をしていけば，森林の他の公益的機能の発揮にも同時にプラスになるという考え方である（藤森 1995）。これにより奥地の天然林は皆伐され，針葉樹の人工林に転換されていった。このような奥地林のいわゆる拡大造林は，1956年の森林開発公団の設立による公団造林，1958年の分収林特別措置法の制定，府県の造林公社や林業公社による公社造林により，さらに促進されていくことになる。

写真1-1　びわ湖造林公社の拡大造林地

木材増産と里山の人工林化

1950年代後半に入ると，人々の生活が薪炭利用から化石燃料利用に変わるエネルギー革命，ならびに農業では堆肥利用から化学肥料利用へ変わる肥料革命が始まり，里山は薪炭林としての存在意義を失った。生活から切り離された里山では，経済効果の高い木材生産を目指して，落葉広葉樹二次林を針葉樹人工林に転換する拡大造林が全国的に一気に進められた（写真1-1）。この拡大造林の展開により，以下のような短伐期の皆伐一斉更新を標準とする施業が全国的に広まった（藤森 1991）。

・樹種は針葉樹（スギ，ヒノキが中心）
・植栽は3000本/ha
・植栽後6～8年間の下刈り
・複数回の除伐・間伐による本数調整
・伐期はスギで40～60年，ヒノキで50～70年
・柱材と板材の一般材生産を目指す

写真1-2　高知県スギ人工造林地

奥地林と里山における拡大造林により，針葉樹の人工林面積が1000万haを超え，森林のモノカルチャー化が進んだ（写真1-2）。木材増産の世論は1970年まで続き，当時の世論は1969年3月21日の読売新聞社説「林業政策の改善充実を」に見られる。

「明治以来の林政は，国土の保全のために森林資源を培養するという公益的な側面を重視してきた。明治30年に制定された森林法が，砂防法および河川法をあわせて『治水三法』と呼ばれてきたことが，この間の消息を物語っている。こういう林政は，木材を生産して，これを商品流通のなかに送り込むという経済的な側面を軽視してきた。日本には森林政策があって，林業政策がなかったといわれるゆえんである。そして，このような林業軽視の政策こそ，国土の68％が森林という世界有数の森林国を，いまのようなハメに追いこんだ遠因といっていい。」

「白書は，林業の問題点として，山の持ち主が，金が必要になれば木をきるという資産保有的観念にとらわれていることを指摘する。たしかにその通りだと思う。しかし，国有林の増伐をしぶる当局の姿勢自体が，資産保有的観念のとりこになっていることを示すものではないか。（中略）国有林野事業特別会計によって，実質的に日本最大の山持ちである林野庁は，増伐して木材市価の抑制につとめるべきであろう」（読売新聞社 1969）。

公害元年といわれる1970年の前年まで，世論は公益的機能の促進を重視した森林政策を批判し，木材生産をさらに進めるように林業重視の政策を求めていた。このような世論を受けて，林野庁は1958年に国有林野経営規程を改定し，「保続」の基本とされていた生長量に見合って抑えられていた伐採量を，森林改良後に期待できる生産量の増大を見込んで決める伐採量に変更した。すなわち，過伐による木材増産を進めることになる。

外材の輸入増加と林地転用

1950年代後半から1970年代前半の高度経済成長は木材の需要をいっそう増大させ，その供給がさらに強く迫られるようになった。政府は1961年に木材増産計画を立て，国有林の増伐を進めるとともに，私有林の伐採を奨励し，外材の輸入を奨励した。さらに政府は，木材供給を確保するため，1963年に輸入外材の関税を大幅に削減した。この外材輸入の自由化により安価で大径木の輸入材が出回り，高価な国産材が売れなくなり始める。

用材総供給量に占める外材の比率は，1965年に29％であったものが，1970年には55％に増加し，1975年には64％，そして1995年には79％に達した（図1-4）。この外材の圧力により図1-3に見られるとおり1962年より伐採面積が減少し始めるとともに，1972年より造林面積が急激に減少し始めた。外国産材に依存するこのような日本の木材供給の体制を，先述した1969年の読売新聞社説は次のように危惧している。

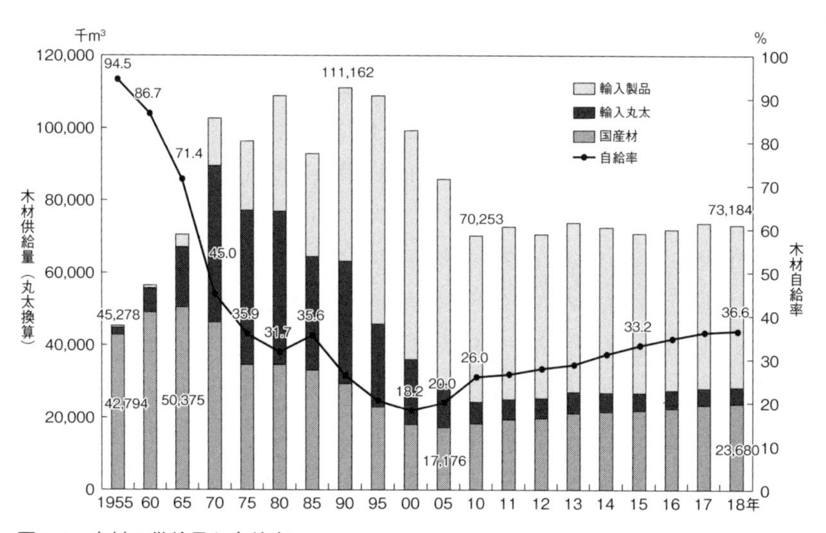

図1-4　木材の供給量と自給率

出所）林野庁（2008，2020：参考付表）より筆者作成。

「ソ連材などへの依存度を高め，後進地域からの開発輸入を進めることが考えられようが，輸入に頼りすぎることは危険であろう。石油のように，もともと自給の可能性がないものはしかたがないが，森林の面積が広く，またこれを育てるのに適当な気候風土を持つわが国では，木材の自給体制づくりは早すぎるということはない」(読売新聞社 1969)。

この頃から国有林も経営が苦しくなり，国有林野特別会計は1975年に赤字基調に転落し，1976年には財政投融資資金からの借入が始まる。私有林でも木材価格の低迷による林業不振が始まり，1970年代後半から間伐手遅れ林分が増大し，大規模な冠雪害や台風被害が目立ち始める。

一方では，国民のレクリエーション活動を促進するために，林業不振で経済価値を落としている森林を大面積に伐採して，スキー場やゴルフ場などのレジャー施設に林地転用する乱開発が，1969年の新全国総合開発計画ならびに1972年の日本列島改造論により大規模に進められた。この流れは1987年のリゾート法まで続き，山岳林地の乱開発や環境破壊が増大した。

自然保護運動の台頭

四日市公害訴訟をはじめとする様々な公害問題が表面化し，公害対策基本法などの公害対策が審議されたいわゆる公害国会の開かれた1970年は公害元年と呼ばれる。この年を境に世論は一転し，大面積皆伐と過伐の糾弾に変わる。世論は木材生産一辺倒から，森林の環境保全機能や保健文化機能など，森林の多様な機能の発揮に関心が向けられるようになる。

白神山地において林野庁が1982年から白神ブナ林を横断する青秋林道の建設を開始したが，地元の青森県と秋田県の県民による反対運動が起き，最終的に1万3202通の署名が集まり，1989年に青秋林道の開設工事は凍結された（枚田 1991)。その年に1万6971haのブナ林を森林生態系保護地域として林野庁が指定し，1993年には①ブナ林の純度の高さ，②優れた原生状態の保存，③動植物種の多様性を理由にユネスコの世界遺産に登録された（武藤 1996)。

知床半島では北見営林支局が1986年から知床国立公園内の第2種および第3種特別地域の天然林を抜き伐り（これを林業用語で択伐と呼ぶ）する計画を立て

た。国有林には新たに木材生産をする天然林が乏しくなり，国立公園内での手入れを名目とした択伐による木材生産に期待をかけていた。この伐採計画に対して全国的な反対運動が起き，東京の自然保護団体やマスコミが動いたが，それでも北見営林支局は1987年に規模を縮小して伐採を強行した（北尾 1987，大谷 1987）。しかし，それ以降の伐採計画は凍結された。

これら白神と知床で起きた反対運動に見られるように，国の決めた事業を凍結させるほどの力を自然保護に傾倒した世論が持つようになる。このような世論の変化を受けて，1986年の林政審答申「林政の基本方針」では，森林の公益的機能を重視し，皆伐一斉造林の見直しと多様な森林づくりが提言された。そして，1991年に森林法が改正され，国有林野は4つの機能（国土保全林・自然維持林・森林空間利用林・木材生産林）別にゾーニングされ，全国を44の流域に分ける流域管理システムが導入される。この当時の世論を1997年4月18日の朝日新聞社説「国民のための国有林に」に見てみよう。

> 「林野庁は，かつては森林保護論をうさんくさく見て，木材生産のための森林経営に力を入れてきた。その結果，動植物をはぐくむ広葉樹林は切られ，金になるスギやヒノキが植えられた。戦後から高度成長期にかけて，森林は，木材の成長量を大幅に上回るスピードで伐採されてきた。」
>
> 「独立採算制の特別会計が林野庁の目先の収益源探しに走らせた。国有林を同庁の私有林と錯覚したかのような，林野を売り払い，貴重な天然林に手を付ける森林収穫的な経営は批判の的となった」(朝日新聞社 1997)。

1970年までの木材増産を求める世論とは180度異なる世論になっていることがわかる。公益的機能を重視して木材生産に手を抜いていると批判していた同じ国民が，今度は一転して，公益的機能を軽視して木材生産に走り過ぎたと批判しているのである。

> 「改革のためには，まず林野庁を解体することだ。たとえば，国立公園内の森林や保安林は管理要員付きで環境庁に移管する。都市の水源林となる森林は，下流の自治体に買い取ってもらう。子どもに自然と親しんでもらう体験教室に

もなるはずだ。」

「いまの林野庁の現業職員は，新設する林業会社に移ってもらう。そこでは国有林だけでなく私有林の手入れ，伐採などの業務も請け負う。花木の販売や自然教室の開設などの新分野も開拓できよう」(朝日新聞社 1997)。

ここでは産業として成り立たない林業と木材生産は軽視され，公益的機能を発揮するための環境面が重視されている。確かに森林政策は社会のニーズに合わせて変化するものであるかもしれないが，このように変わりやすい世論に日本の森林政策は振り回され続けており，そこには森林を管理するという経営者としての一貫した理念や哲学が感じられない。また，この当時の世論は，人工林は放置しておいても天然林と同様に勝手に木が育つといった間違った認識があり，しかも森林の管理を誰が行っているのかという議論に欠けていた。

地球温暖化対策の動き

蒸気機関の発明による第一次産業革命以来，世界的に石炭や石油といった化石燃料のエネルギー使用が増加し続けている。特にエネルギー革命以降は，生活のエネルギーも灯油，ガス，電気に依存することになり，いずれも化石燃料の利用を拡大させている。さらに開発途上国の経済発展がエネルギー使用量に拍車をかけている。このような化石燃料の使用量の増大にともないCO_2排出量が急激に増加し，その温室効果ガスによって地球の平均気温が上昇している可能性が非常に高い。IPCC（気候変動に関する政府間パネル）が2007年に出した第4次評価報告書によると，大気中のCO_2量は産業革命前の280ppmから2005年には379ppmに増加しており，1906～2005年の100年間に平均気温は0.74℃上昇していると報告されている（環境省 2007)。2014年の第5次評価報告書では，1880～2012年の期間に世界の地上平均気温は0.85℃上昇していると報告し，気候システムの温暖化には疑う余地がなく，人間活動が及ぼす温暖化への影響の可能性が極めて高いと評価している。今世紀末までの世界平均気温の変化は0.3～4.8℃の範囲に，海面水位の上昇は0.26～0.82mの範囲に入る可能性が高いと予測している（環境省 2014a)。

このままでは地球温暖化がますます進んでしまうため，1992年にリオデジャネイロで開催された国連環境開発会議において，地球温暖化対策として気候変動枠組条約が提案された。この条約が1994年に発効されると同時に気候変動枠組条約締約国会議（COP：Conference of the Parties）が定期的に開催され，具体的な対策について話し合われている。京都議定書は1997年のCOP3で提案され，1990年の排出量を基本に国別のCO_2削減目標が示されるとともに，京都メカニズムが提案された。京都メカニズムはCO_2削減目標の達成が難しい先進諸国のための緩和策であり，共同実施（JI：Joint Implementation），クリーン開発メカニズム（CDM：Clean Development Mechanism），排出量取引（ET：Emission Trading）という3つのメカニズムを導入し，さらに森林の吸収量の増大も排出量の削減に取り入れることを認めている。しかし，CO_2排出量の多いアメリカ，中国，インドなどが参加せず，2005年にロシアの参加意思表明により，ようやく京都議定書は発効される（林野庁 2008）。

日本は2008～2012年の第一約束期間に6.0％のCO_2を削減することを目標としており，そのうちの3.9％を森林が吸収すると計画した（図1-5）。京都議定書で吸収源として認められる森林は新規植林，再植林，人為活動が行われた森林であり，この中で日本は人為活動として持続可能な森林管理が相当すると考えられる。すなわち，日本における吸収源は持続可能な森林管理の中での森林の間伐ならびに主伐後の再造林が対象となる。

そこで，林野庁は2005年から木づかい運動を展開し，国産材を使って3.9％の吸収を達成することをアッピールした。さらに木材を含む森林バイオマス

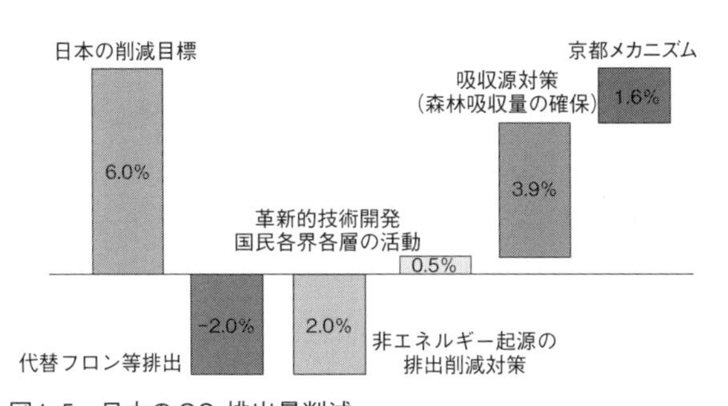

図1-5　日本のCO_2排出量削減
出所）林野庁（2008：19-22）より筆者作成。

は，化石燃料に代わるカーボンニュートラルで再生可能なエネルギー資源としてその利用が注目され，2002年に出されたバイオマスニッポン総合戦略でバイオマス利活用の推進が謳われた。第一約束期間中の日本の5ヶ年平均のCO_2総排出量は，基準年の1990年に比べて1.4%の増加となった。しかし，森林等吸収源が目標の3.9%を達成し，不足分は京都メカニズムのクレジット購入により，5ヶ年平均で基準年比8.4%減となった。その結果，日本は京都議定書の目標（基準年比6%減）を達成したと2016年3月31日に国連から認められることになる（環境省 2014b）。

この当時の世論の動きを2000年8月9日の毎日新聞社説「森林資源の循環利用を温暖化抑止の潜在力に」に見てみよう。

> 「翻って，世界有数の森林国である日本では，薪炭用の木質エネルギーが木材総需要の1%にも満たない。製材くずの発電利用も微々たるものである。けれども，日本の森林のバイオマス成長量の3分の1程度を1次エネルギーに投入した場合，全電力需要の3%を賄える試算もある。余熱を併給すれば，効果はその倍という。」
>
> 「わが国もかつては用材生産だけでなく，薪炭用燃料の供給源として里山林などを盛んに活用したが，安い外国材輸入，エネルギー革命で関心が薄れてしまった。一方で，リゾートなど乱開発の結果，木を切ることへの抵抗感も強まった。私たちも里山を含め緑の絶対量をこれ以上減らすべきでないと主張してきた。しかし，天然林や生物環境の保全など自然との折り合いをつけながらもう少しこの再生可能な資源を利用する余地はあるのではないか。」
>
> 「100年育てた木を100年住まいや家具として使い，最終的に熱源として使う。地域ごとにそんな循環を仕組めないだろうか」（毎日新聞社 2000）。

カーボンニュートラルで再生可能なバイオマスエネルギーによるCO_2排出量の削減に世論の関心が集まりつつあり，森林の木材生産機能が見直され始めてきた。長引く材価の低迷に苦しみ，自然保護の高まりから悪者扱いされていた林業ではあるが，地球温暖化問題を契機にようやく世論の追い風が吹き始めてきた。

国産材時代の到来

21世紀に入り，第二次世界大戦後に拡大造林された林齢51年以上の人工林が増えつつあり，日本の人工林はこれから収穫期を迎えていくことになる。2017年度末で林齢51年以上の人工林は510万haになり，人工林全体の50%を占めており，その蓄積は19億9000万m^3になり，人工林全体の60%を占めている（図1-6）。蓄積とは立木の樹幹部の体積のことであり，高齢の人工林は単位面積（1ha）あたりの本数は少ないが，樹体が大きいため若齢の人工林より単位面積あたりの蓄積が増加する。これらのグラフは，非常にきれいな正規分布を示しているが，林齢が30年以下の人工林が少なく，持続可能な状態であるとは言えない。すなわち，これらのグラフのピークは毎年右側に進んでいくため，人工林を伐採して再造林を進めない限り，50年先には人工林から木材生産ができなくなる。

このように日本の人工林は使える状態にあるのに，どうして国産材利用は進まないのであろうか。その大きな原因は，木材価格の低迷にある。木材価格は

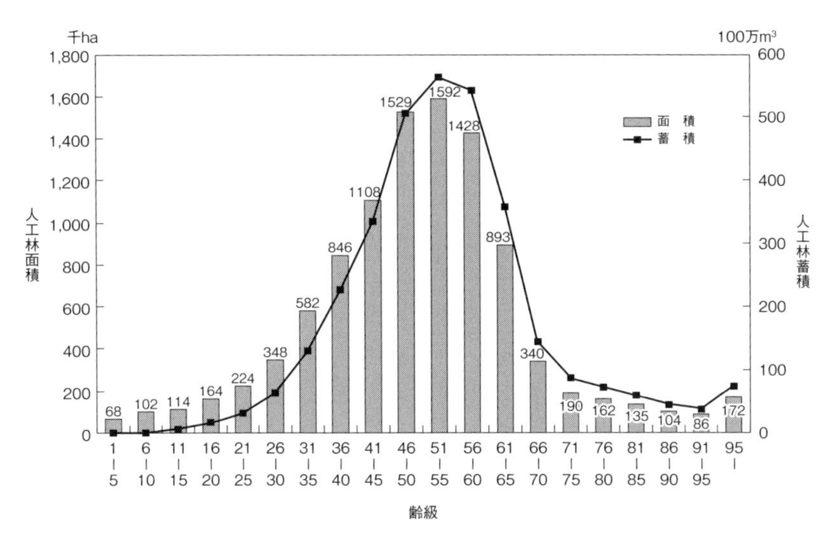

図1-6　人工林の齢級別面積と蓄積
出所）林野庁（2019b：7-11）より筆者作成。

バブル景気（1986～1990年）に向けて高騰し，バブル崩壊とともに一転して下落を続け，2005年以降低迷した状態を続けている（図1-7）。木材価格の長期の低迷は，木を伐れば伐るだけ赤字になるので，主伐を先延ばしにすることになり，再造林も行われないこととなる。

現在のスギの山元立木価格は1955年当時よりも1m³あたり1500円ほど安くなっており，一方，ヒノキの山元立木価格は1955年当時よりも約1600円/m³上回っている。1955年を基準年とした消費者物価指数の推移を見ると（図1-8），バブル景気に向けて消費者物価指数は5倍以上に急上昇するが，バブル崩壊後の1990年以降は横バイあるいは漸増状態となり，2018年に6倍に達している。それゆえ，木材価格のレベルがほぼ同じだと仮定すると，木材の価値は1955年当時に比べて6分の1に減少していることになる。反対に考えれば，1955年当時の木材と同等の価値に戻すためには，現在より6倍の木材価格で取引きされる必要がある。すなわち，スギの山元立木価格は約1万8000円/m³，ヒノキは約4万円/m³に相当し，これらはバブルの頃の最高値の山元立木価格に近いものである。

この当時の世論を2006年4月28日の朝日新聞社説「緑を守る――林業を再生させるには」に見てみよう。

> 「日本の国土は，その7割が森林に覆われている。世界でも有数の資源に恵まれながら，活用していない点でも際立つ。林業が産業として成り立たないからだ。」
> 「森林が荒れ果てる損失は計り知れない。だからこそ国民も，林業家への補助金などの財政負担を認めてきた。近年では森林整備にあてる目的税を導入する地方自治体が増え，間伐を手伝うボランティア活動も盛んだ。」
> 「だが，こうした手だてだけでは限りがある。林業が自立できる仕組みをつくらないと，荒れた山をよみがえらせる決め手とはならない。」
> 「林業関係者の努力はもちろんだが，消費者も応援できることがある。値段はずいぶん下がった。住宅にしても，家具にしても，もっと国産材を生かしたい」（朝日新聞社 2006）。

持続可能な森林管理のためには，管理主体となる林業の再生が不可欠である

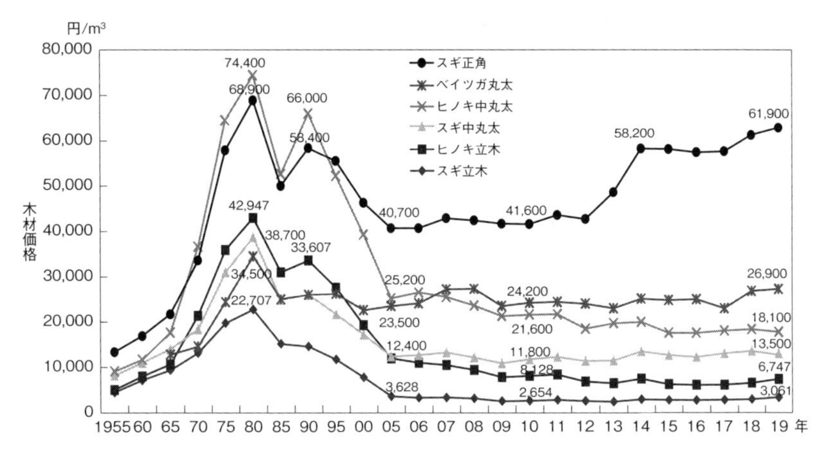

図1-7　木材価格の推移
出所）林野庁（2008, 2020）より筆者作成。

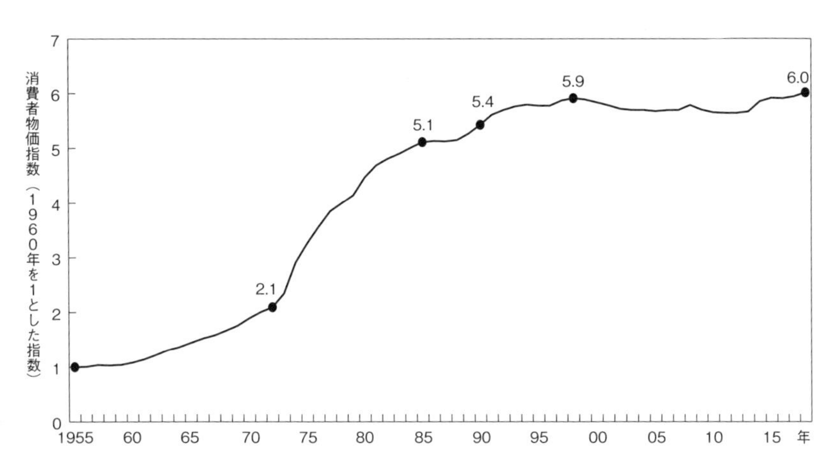

図1-8　消費者物価指数の推移
注）1955年の持家の帰属家賃を除く総合物価指数を1とする。
出所）総務省「消費者物価指数」より筆者作成。

ことを，ようやく世論が再認識し始めたと考えられる。

2000年に入る前後から開発途上国の中で経済成長の著しい中国やインドの木材需要が高まり，世界の木材貿易の傾向が変わるとともに，木材輸出国が自国の環境保全の観点から丸太輸出の制限や違法伐採の取り締まりを強化し始め，外材の輸入量が減少してきた。これにより，今まで安い外材を利用してきた合板メーカーは，林内に切り捨て放置されている国内のカラマツやスギのB級・C級材に目を向け工場に受け入れ始めた。このような情勢の中で林野庁が出した新生産システム事業（2006～2010年）は，森林の団地化による木材供給量の安定化を図るとともに，市場を通さずに工場に直送する協定販売による木材流通の改革を行い，木材生産コストの削減を図っている。また，民主党政権時代の2010年に林野庁は森林・林業再生プランを打ち出し，「コンクリート社会から木の社会へ」をモットーに，今後10年間にドイツ並みの路網整備を行い，国産材の加工流通構造の改革などの施策を促進して，木材自給率50％の目標を立てた。2005年から林業労働力の確保のために緑の雇用事業が開始され，2012年から提案型集約化施業を推進する森林施業プランナーの認定制度が始まり，人材の確保も進められている。

日本の森林面積はこの60年間にわたり約2500万haに維持されており，人工林面積は拡大造林の影響もあり1990年まで増加しているが，その後は約1000万haに保たれている（図1–9）。一方，森林の蓄積量は1960年から右肩上がりを続けており，この原因は人工林の成長にある。すなわち，1960年の人工林の蓄積量は約4億8000万m^3に過ぎなかったが，2017年にはその約7倍の約33億1000万m^3に達している。森林の蓄積量が右肩上がりで増加し続けるという事実から，日本の森林資源は十分に利用されていないことが明らかである。

生きている立木は毎年年輪をひとつ増やして太く高く成長するため，1本あたりの蓄積が増加していく。この増加分を森林全体に拡大して，森林の蓄積の1年間の増加量として求めたものが年成長量である（図1–10）。この年成長量を超えない範囲で伐採を行えば森林は持続され，反対に伐採量が年成長量を超えると森林が荒廃し減少していくことになる。人工林の年成長量は1986年から1億m^3を超え，年変動があるものの2017年には1億m^3を維持している。一方，人工林からの立木伐採量は2002年に2000万m^3まで下がるが，その後，森林・林業再生プランなどの施策の影響もあり，4800万m^3に増加している。2017年の立木伐採量は年成長量の47.4％で，まだ余裕があると考えられる。森林・林業再生プランが目指す木材自給率50％に相当する4000万m^3をすべて人工林から伐り出したとしても，年成長量の4割前後である。天然林を含めた

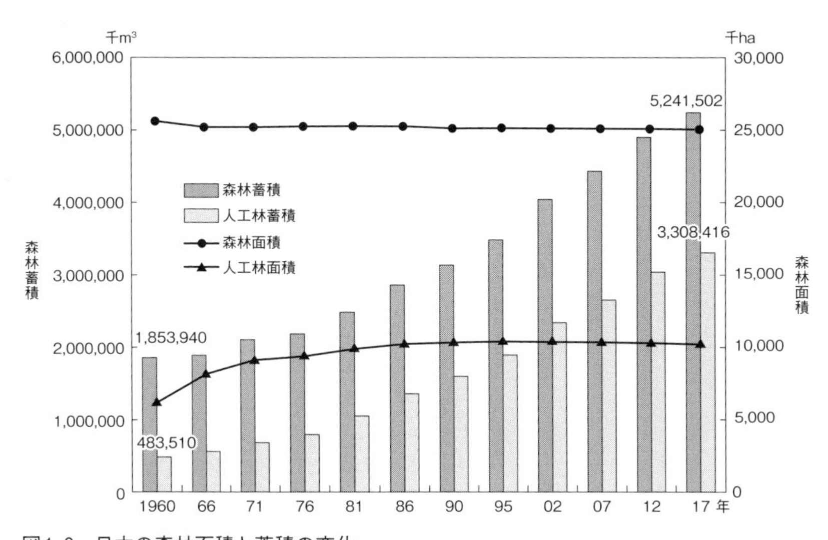

図1-9　日本の森林面積と蓄積の変化
出所）林野庁（1964，1982，1992，1996，2003，2010，2019a）より筆者作成。

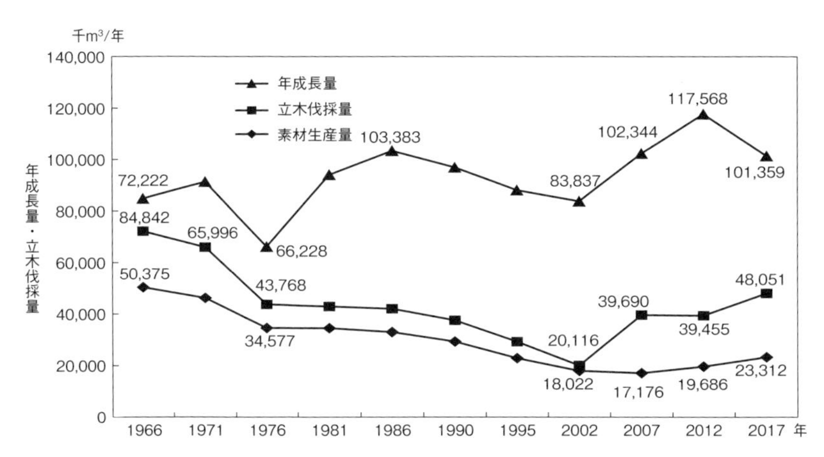

図1-10　素材生産量と人工林の年成長量の変化
出所）林野庁（2020）より筆者作成。

国産材の供給量の増加は，図1-4の2010年以降にも現れており，木材自給率は2000年の18％から2017年には32％に増加している。しかし，この増加には，国内の木材供給量が2000年の約1億m³から2010年以降7000万m³前後に大幅に減少していることが，大きく関与していることを忘れてはならない。

2 断絶した森林と人間のかかわりあい

森林の価値観の変化

前節で見てきたように，同じ新聞社の社説でも1951年，1997年，2006年ではまったく論調が異なる。すなわち，木材増産に向けた強力な圧力をかける論調から，その結果もたらされた過伐に対する自然保護の論調に180度変わり，その後の地球温暖化対策の必要性から林業の再認識へと再び論調が大きく戻っている。変わらないのは当時の林野行政のポリシーのなさを責めるマスコミの態度である。この論調の変化は新聞社にポリシーがないからというわけではなく，新聞社はその当時の社会情勢を反映し世論を代弁しているので，日本人の森林観が戦後60年という短い間に極端から極端に変化していることを示す。

定まらない森林の価値観

戦後60年に見られた森林の使い過ぎとその反動としての自然保護は，これまでの歴史の中でも幾度となく繰り返されてきた。日本の森林における略奪と保護の歴史を概観してみると，森林破壊は農耕の開始とともに始まるが，当初はそれほど環境に大きな影響を与えるものではなかった。しかし，奈良時代から平安時代にかけて都の造営，神社仏閣の建築にたくさんの木材が使われ，都の近くの近畿圏内を中心に森林の荒廃が進んだ。戦国時代から江戸時代にかけては，城の建築や戦争復興が盛んに行われ，木材の需要が高まり，全国的に森林が荒れてくる。この反動もあり，江戸時代に入ると奥山は幕府や諸藩の持ち山となり，大名の資産維持のため，あるいは水運のための河川水量を確保するために禁伐などによる保護が行われた。また，水害対策や木材資源の確保のために18世紀から造林による人工林施業が広まった（タットマン 1998）。

明治時代にドイツ林学が導入され，択伐天然林施業が全国的に展開される。しかし，経済性を求めて過伐傾向になり，残された森林は持続可能な森林管理を行えないような貧弱な姿となる。

第二次世界大戦後は，戦時強制伐採と戦後復興のために疲弊した森林を早期に回復させる手段として，成林の可能性が高い皆伐人工造林施業が導入される。時期を同じくしてチェンソーやトラクターなどの林業機械化が進み，木材増産の社会的ニーズもあり，皆伐人工造林施業は全国的に急速に広まる。しかし，これも経済性を求めて，成長量を超える過伐傾向に陥るとともに，広大な人工林の手入れが行き届かなくなる。択伐施業と皆伐施業はいずれも経済性追求による過伐が問題となり，持続的な森林管理が成功しない結果となっている。

これまでと異なる価値観の変化

このように森林の略奪と保護の歴史は繰り返されてきているが，近代の森林の価値観の変化はこれまでの繰り返しとは本質的に異なる。1950年代後半から1960年代前半にかけてのエネルギー革命により，薪炭材に頼っていた人間の生活は化石燃料に変わり，森林が人間の生活から歴史上初めて切り離された。これにより生活を通して存在した総合的な森林の価値観が，木材生産という経済価のみに変化してゆく。生活から切り離された森林は遠い存在となり，報道で知る以外に人々の関心を集めることはなくなる。

経済価のような単元的な価値観は，社会情勢や経済動向の影響を受けやすく，森林は経済性原理だけで取り扱われるようになる。木材生産を否定する自然保護論も森林から離れた都会人の主張であり，生活から離れた概念であるとともに，ブームに乗ったいわば形を変えた経済性原理に他ならない。

たとえどんな価値観であったとしても，森林の一生よりも短く，しかも極端に変化する森林観が問題である。これはとりもなおさず森林の健全性，すなわち森林生態系の維持を無視していることになり，それゆえ森林管理は非持続的なものにならざるをえない。このことは総合的に見て，森林に対する人間性の無視あるいは不介在であるといえる。すなわち，利益だけ追求する経済価のみ，あるいは感傷的な自然保護の視点のみから森林をとらえているに過ぎない。そこには，森林の多面的機能を享受し，また生活を通して，あるいは社会を通して森林に影響を与えている人間の全体的なかかわりがない。すなわち，森林と人とのかかわりあいの中での森林に対する倫理観が欠けていることに他ならない。

3 産業として破綻した林業

林業の経済性原理だけで，持続可能な森林管理が実現できるであろうか。簡単な演習問題を用意したので，あなたも森林所有者になったつもりでシミュレーションしてみよう。

演習1：森林所有者になって考えてみよう

- ➢ あなたは100haの森林を持っています。
- ➢ すべて50年生のスギ人工林で，いわゆる伐りどき（伐期）です。
- ➢ 森林の蓄積は250m^3/haあります。
- ➢ 木材価格は3万円/m^{3}です。
- ➢ ただし持ち金はありませんので，木材販売の利益で経営を進めます。
- ➢ 山から木材を市場に伐り出すのに1万6000円/m^{3}かかります。
- ➢ 伐った後に植栽をして，森林を育て上げるのに250万円/haかかります。

問1　皆伐をして，再造林をしたいのですが，その収支を計算してみましょう。

問2　森林経営だけで生活できそうですか？

この問題を解くと造林費を出した後に残る収入は1億円になるが，これを森林の伐期50年で割ると年間所得は200万円に過ぎない。100haの森林を持つ大面積所有者で，しかも木材価格の良い時期であっても，とても林業だけでは生活できないことがわかる。

この問題の木材価格は1980年のピーク時のスギ中丸太の価格に近いものであるが，その後，中丸太の価格は下がり続け，2018年には中丸太の価格はピーク時の3分の1になった。立木価格の下落はさらに激しく，ヒノキで4分の1，スギに至っては8分の1近くまで下がっている（図1-7）。安価を理由に国産材を圧迫していた外材はむしろ若干の上昇傾向を示し，2007年には米ツガ丸太はヒノキ中丸太とほぼ同じになり，2018年ではヒノキ中丸太より8000円/m^{3}も高くなっている（林野庁 2019a）。

次に，木材価格が低迷している現在の状況を考えたシミュレーションを試みられたい。

演習2：50年後，あなたの森林が伐期を迎えました

- 蓄積は前回と同じように 250m³/haあります。
- しかし，50年の間に社会情勢が変わり，木材価格は 1万5000円/m³に下がりました。
- 山から木材を市場に伐り出すコストは，機械化により飛躍的に削減され，1万円/m³になりました。

問3　経営収支を計算してみましょう。

問4　再造林のコストを出せますか？

木を伐り出すコストが技術革新で削減されても，木材価格が半減すると再造林の経費も出せないことがわかる。これが日本の林業が置かれている現在の状況である。スギ人工林を地拵えから始まり，植栽，下刈り，除伐，保育間伐，利用間伐を経て，主伐に至るまでの50年間造成するコストは，1haあたり約250万円かかるとされている。近年では，鹿などによる造林木の獣害が各地で見られるため，獣害対策を造林コストに入れておく必要があり，造林コストは300万円/ha前後に上がると考えられる。50年生のスギの立木密度を500本/haと仮定すると，スギ1本あたりの造林コストは6000円となる。一方，2018年のスギの山元立木価格は約3000円/m³であるので（図1-7），50年生のスギ1本あたりの用材材積を0.4m³と仮定すると，1本あたりの立木価格は1200円と計算される。これより，造林コストは立木価格の5倍に相当することになり，原価割れどころではない厳しい現状が明らかである。まさに林業は産業として成り立っておらず，主伐を行った利益から再造林を行うことが望めないことになる。保有森林面積が20ha以上の林家の平均年間林業所得は，1990年の126万5000円から急激に減少し，2013年には10分の1の11万3000円にまで低下している（図1-11）。この林業所得は月額にすると9417円になり，とても林業所得だけでは生活ができない。これが日本の林業が置かれている現在の状況である。森林の所有者たちは，森林の手入れをするほど赤字となり，手入れ遅れ

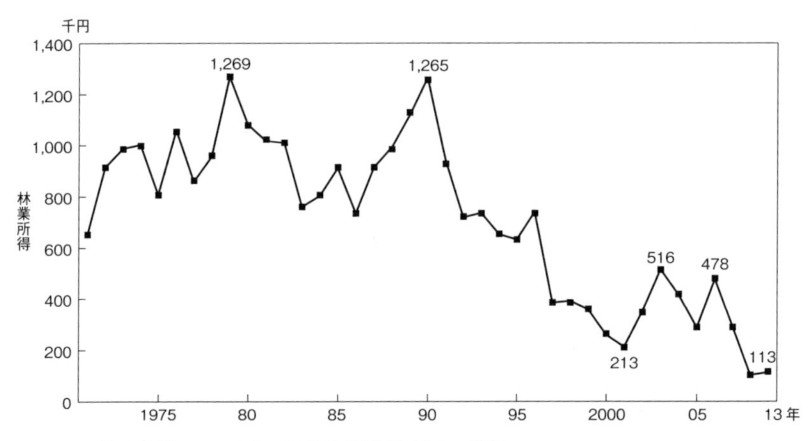

図1-11　保有森林20ha以上の平均年間林業所得の推移
出所）総務省統計局より筆者作成。

や施業放棄せざるをえなくなる状況に追い込まれている。

このように材価の変動が森林管理の継続を左右するため，経済性原理で動く林業では持続可能な森林管理の実現は望めない。そのため，私有林の人工林管理は，国からの補助金に多くを依存せざるをえない。森林管理は目的別の手厚い補助金行政で守られており，林業関係者は補助金をあてにする姿勢に陥っている。堺屋太一は少子化社会とそれにともなう住宅着工量の減少を予測し，補助金頼みの林業について「自立できない林業は崩壊した石炭産業と同じ運命をたどる」と述べている（堺屋 1997：187）。しかし，石炭産業と異なり，林業の崩壊は国土の66％を占める森林管理を放棄することにつながり，公益的機能上も大きな問題を引き起こすことになる。

私有林所有者のうちの56.7％は3ha以下の小規模所有者であり，世代交代などにより森林への関心がなくなり，森林の手入れが適切に行われず，手入れ遅れの荒廃した人工林が増加しつつある。全国の市町村の83％は私有林の手入れが不足していると考えており，土砂災害防止や水源涵養機能などの森林の公益的機能にも問題が生じてくる。また，森林所有者不明や境界不明確の問題もあり，手入れ遅れの人工林の解消の障害となっている。このような現状を改善するために，2019年から森林経営管理法が施行され，市町村を中心に「新たな森林管理システム」が実施される。すなわち，適切に管理されていない人工林の経営管理を意欲と能力のある森林経営者に委託するとともに，民間への委託が困難な条件の悪い人工林については市町村が自ら管理を行う。「新たな森林管理システム」の財源には，都道府県と市町村に譲与される森林環境譲与税が充てられる。森林環境譲与税は，2024年から国民1人あたり年額1000円を課税される森林環境税を原資としているが，2019年から先行して譲与される（林野庁 2019a）。

森林は木材生産機能だけではなく，いくつもの公益的機能を有しており，広く下流住民に土砂災害防止，水源涵養，美しい景観の提供など様々な生態系サービスを提供している。社会的ニーズは森林のこれら公益的機能の維持と促進にあり，「新たな森林管理システム」はその社会的ニーズに応えるために実施されるものである。したがって，森林環境譲与税は補助金による対症療法的な林業の経済支援ではなく，森林環境税を通して国民全体で日本の森林をサポートする取り組みであると考えられる。

木材価格の長期低迷が続き，経営コストの5分の1の販売収益しか上げられない産業として崩壊している林業を，これまでどおり木材生産の収入のみを頼りに継続することは，残念ながら極めて困難であるといわざるをえない。森林所有者はじめ森林の経営管理に携わる関係者は，森林環境譲与税を支える社会的ニーズやSDGsなどの世界的な動き，ならびに木材に関する消費者ニーズの情報を常に収集し，森林管理を持続するためのあらゆる可能性を模索する必要がある。しかしながら，その際には経済性原理で左右される木材生産のみを追い求めるのではなく，なにが大事かをよく考えて，社会情勢の影響を受けない新たな価値観による森林管理の理念づくりが求められる。

◉――もっと詳しく森と人のかかわりの歴史について知りたい方にお勧めの本

ジャック・ウェストビー　1990『森と人間の歴史』熊崎実訳，築地書館
コンラッド・タットマン　1998『日本人はどのように森をつくってきたのか』熊崎実訳，築地書館

◉――参考文献

朝日新聞社　1951「森林成長量の低下を防げ」昭和26年8月30日社説
朝日新聞社　1997「国民のための国有林に」平成9年4月18日社説

朝日新聞社　2006「緑を守る――林業を再生させるには」平成18年4月28日社説
コンラッド・タットマン　1998『日本人はどのように森をつくってきたのか』熊崎実訳，築地書館
藤森隆郎　1991『多様な森林施業』全国林業改良普及協会
藤森隆郎　1995「戦後50年の日本の森林の変遷」『森林文化研究』16：1-14
枚田肇　1991「森林生態系保護地域設定はいかに行われたか――白神山地の場合」『生物科学』43（4）：216-218
環境省　2007「IPCC第4次評価報告書の概要」http://www.env.go.jp/earth/ipcc/4th/（2019年8月15日閲覧）
環境省　2014a「IPCC第5次評価報告書の概要」https://www.env.go.jp/earth/ipcc/5th/pdf（2019年8月15日閲覧）
環境省　2014b「2012年度（平成24年度）の温室効果ガス排出量（確定値）概要」https://www.env.go.jp/press/files/jp/24374.pdf（2019年8月15日閲覧）
北尾邦伸　1987「知床問題を考える」『林業経済』467：1-6
毎日新聞社　2000「森林資源の循環利用を温暖化抑止の潜在力に」平成12年8月9日社説
武藤卓史　1996「森林生態系保護と林業の共存――白神山地世界遺産地域の保護に取り組む」『林経協月報』416：40-45
農林水産省　2015「農林業センサス2015　第2巻　農林業経営体調査報告書――総括編，IV-4　保有山林面積規模別林家数」https://www.e-stat.go.jp/（2019年8月15日閲覧）
大谷健　1987「知床――経済と自然保護の接点」『林業経済』468：7-16
林野庁　1964『林業統計要覧　累年版1964』林野弘済会
林野庁　1982『林業統計要覧　時系列版1982』林野弘済会
林野庁　1992『林業統計要覧　時系列版1992』林野弘済会
林野庁　1996『森林・林業統計要覧　1996』林野弘済会
林野庁　2003『森林・林業統計要覧　2003』林野弘済会
林野庁　2006『森林・林業白書　平成18年版』日本林業協会
林野庁　2007a『森林・林業白書　平成19年版』日本林業協会
林野庁　2007b『森林・林業統計要覧　2007』林野弘済会
林野庁　2008『森林・林業白書　平成20年版』日本林業協会
林野庁　2010『森林・林業統計要覧　2010』日本森林・林業振興会
林野庁　2019a『森林・林業白書　平成30年版』日本林業協会
林野庁　2019b『森林・林業統計要覧　2019』日本森林・林業振興会
林野庁　2020『森林・林業白書　令和元年版』日本林業協会
堺屋太一　1997『「次」はこうなる』講談社
総務省統計局「日本の長期統計系列7-36　林家経済」http://warp.da.ndl.go.jp/（2019年8月15日閲覧）
読売新聞社　1969「林業政策の改善充実を」昭和44年3月21日社説

第２章　生態系の重視——環境倫理の視点から

第1章で述べたように，経済性原理では持続可能な森林管理が実現できないため，それに代わる社会情勢の変動の影響を受けない森林管理の理念づくりが求められるわけであるが，ここからは何にその理念の礎を置けばよいのか考えてゆきたい。

経済性原理の考え方では，森林は木材を生産する工場であるとともに，製品である木材を貯蔵する倉庫でもある。しかし，木材生産にはその生産設備である木が育つ環境が整わなければならず，その環境には森林生態系が深くかかわっている。もちろん林業は木材生産による収益を目的とする産業であるが，木材資源の持続的な維持，すなわち保続をモットーとしている。木材資源を保続するためには，対象とする木だけではなく森林全体を健全に保つ大切さを経験的に理解してきた。

「森林全体を健全に保つ」ということは，すなわち「森林生態系を健全に保つ」ということに他ならない。この生態系について倫理的な解釈をした学問が，20世紀初めに北米から始まった環境倫理である。環境倫理は端的に言うと人間中心主義を排し，生態系の持続を大命題として訴えている。この章では，環境倫理の父といわれるアルド・レオポルドの土地倫理についてその中心となる考え方を紹介し，その後の環境倫理への展開に触れ，森林管理の理念への応用について考える。

1 生態系を健全に保つ

レオポルドの土地倫理

アルド・レオポルド（1887～1948）はアイオワ州生まれのドイツ系アメリカ人であり，森林官から野生生物生態学者に転身し，環境倫理学者としてウィスコンシン大学の教授を勤めた（キャリコット2004)。レオポルドの土地倫理は，彼が1948年に出版した*A Sand County Almanac*（砂漠地方の暦），日本語版では『野生のうたが聞こえる』という本の第2部「スケッチところどころ」の「山の身になって考える」と第3部「自然保護を考える」に展開されている。ここでは，新島義昭訳による文献（レオポルド 1997）から引用して，土地倫理の考え方を紹介する。

森林官であった頃のレオポルドは，自然を利用しながら維持する保全的な立場を取っており，スポーツハンティングのための鳥獣管理を仕事としていた。その当時の北米では，オオカミはハンティングの対象となるシカを襲うとともに，家畜にも危害を加えるため人々から忌み嫌われる存在であった。その状況をレオポルドは「当時は，オオカミを殺すチャンスがありながらみすみす見逃すなどという話は，聞いたためしがなかった」(同前：205）と述べている。

あるとき，レオポルドがオオカミを見つけ，いつものように丘の上から子ども連れの母オオカミを撃った。そして，そのオオカミが死にゆく状況を見て，彼はそれまで気づかなかった自然の摂理を次のように悟ることになる。

> 「母オオカミのそばに近寄ってみると，凶暴な緑色の炎が，両の目からちょうど消えかけたところだった。そのときにぼくが悟り，以後もずっと忘れられないことがある。それは，あの目のなかは，ぼくにはまったく新しいもの，あのオオカミと山にしか分からないものが宿っているということだ」(同前：206)。

すなわち，オオカミは害獣であり駆除すべきであるという人間中心の考え方であったレオポルドは，この出来事をきっかけに生態系の中ではオオカミが欠くべからざる存在であるということに気づかされた。

> 「シカの群れがオオカミに戦々恐々としながら生活しているのと同様に，山はシカの群れに戦々恐々としながら生きているのではなかろうか」(同前：207)。

この頃すでにオオカミの数は激減し，オオカミが絶滅した地域では鹿が繁殖して，森林に被害をもたらし始めていた。

> 「生きとし生けるものはみな，安全，繁栄，安楽，長寿，安心を求めて闘っている。だが，すべての帰するところはひとつだ――みな，自分が生きているあいだの平和を願っているのである。このような尺度で事の成否を測るのは，それはそれで結構だし，物質本位の考え方にとっては不可欠のことでもあろう。だが，過度の安全確保は，長い目で見ると，危険しか招かないように思える」(同前：209)。

ここに個々の生命を考える生命倫理と生態系全体を考える環境倫理の根本的な違いがある。オオカミにしても鹿にしても，彼らの安全が確保されて数が増えすぎると生態系のバランスが崩れ，その生態系に暮らす彼ら自体もいずれ滅びるという危険を招くことになる（図2-1)。

レオポルドは生態系の構成員をオオカミや鹿に代表される動物だけではなく，その土地にある昆虫や微生物や植物などすべての生物を対象とし，さらにそれらの生物を支える土壌や水といった無生物も含めており，ひとつの共同体として考えている。

> 「土地倫理とは，要するに，この共同体という概念の枠を，土壌，水，植物，動物，つまりはこれらを総称した『土地』にまで拡大した場合の倫理をさす」(同前：318)。

土地倫理の中ではその土地に生活する人間も例外ではなく，共同体の一員としての人間の責任について次のように言及している。

「土地倫理は，ヒトという種の役割を，土地という共同体の征服者から，単なる一構成員，一市民へと変えるのである」(同前：319)。

「つまり，土地倫理とは，生態系に対する良心の存在の表れであり，これはまた，土地の健康に対して個人個人に責任があるという確信をも示している」(同前：343)。

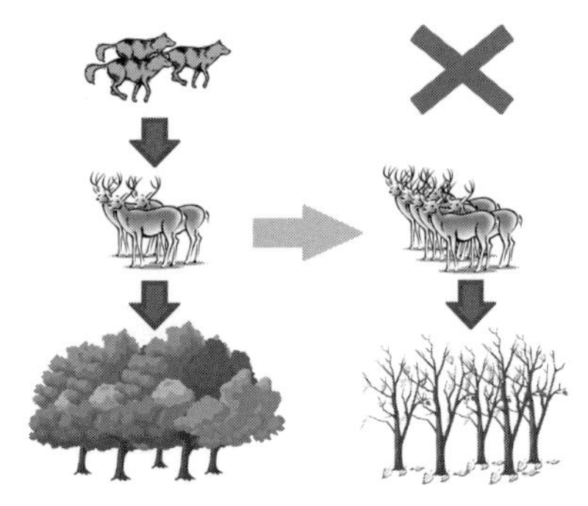

図2-1　生物界のバランス

この考え方に立って，人間が自分たちの生活や利益のために自然を利用し，その人間中心の観点からのみ自然の価値を評価する姿勢を厳しく批判している。そして，このような経済性原理に基づく自然保護の限界について次のように言及している。

「もっぱら経済的な動機に基づいている自然保護対策の基本的な弱点は，対象とする土地共同体の構成員のほとんどが経済的には何の価値もないという点である。……にもかかわらず，これらの生物はいずれも，ウィスコンシンという生物共同体の構成員であり，もしすべての種がそろわないことには共同体全体の安定性が欠けるというのであれば，たとえ経済的には役に立たなくとも，どの種も存続する資格がある」(同前：327)。

土地利用のあり方

このようにレオポルドは土地共同体を安定に保つことを主張しているわけであるが，人間が自然を利用することをまったく否定しているわけではない。人間の土地利用のあり方について，彼は次のような条件を付けている。

「適切な土地利用のあり方を単なる経済的な問題ととらえる考え方を捨てることである。ひとつひとつの問題点を検討する際に，経済的に好都合かという観点ばかりから見ず，倫理的，美的観点から見ても妥当であるかどうかを調べてみることだ。物事は，生物共同体の全体性，安定性，美観を保つものであれば妥当だし，そうでない場合は間違っているのだ，と考えることである」(同前：349)。

ここに土地倫理は生態系を健全に保つことを大命題としていることが示され，これを谷本は「倫理的に配慮すべきものは，生物個体の利益ではなく，生命共同体（エコシステム）の利益なのである」とまとめている（谷本 1998：136)。

経済的な観点を捨てて生物共同体の利益を純粋に考えるようになるために，レオポルドは私達に自然環境との関係を改めることを次のように求めている。

「土地に対する愛情，尊敬や感嘆の念を持たずに，さらにはその価値を高く評価する気持ちがなくて，土地に対する倫理関係がありえようとは，ぼくにはとても考えられない」(レオポルド 1997：347)。

レオポルドがこのような危惧を抱く背景として，彼は「土地の倫理の進化を妨げている最も重大な障害は，われわれの教育及び経済の機構が，土地を強烈に意識するのではなく，むしろ遠ざける方向に向いているという事実にあるのではなかろうか」(同前：347）と述べ，「人間は土地と血の通った関係を持たなくなってしまった」(同前：347）と嘆いている。このように土地から離れた人間が自然環境との関係を改善するための有効な方策として，彼は「土地を生態学的に理解するための必須条件のひとつは，生態学そのものをよく理解することである」(同前：348）と主張している。

環境倫理の展開

レオポルドは生命共同体としての生態系に倫理的配慮を置くべきとし，その手本は原生自然にあるとしている。「原生自然は，人間が文明という人工物をつくり出す素材である」(同前：294)，「世界の文化の豊かな多様性は，素材となった自然の多様性を反映しているのである」(同前：294）とし，「地球上で比較的人間の住みやすい地域内の原生自然が消滅しはじめていること」(同前：294）を憂いている。しかし，レオポルドは生態系至上主義に陥るのではなく，先述したとおり生態系との調和の取れた人間の利用を示唆している。

このレオポルドの土地倫理を受けて，環境倫理は大きく分けて2つの方向に展開してゆく。ひとつは人間の利用に重点を置いたシャロー・エコロジーであり，もうひとつは生態系重視に突き進んだディープ・エコロジーである。

近年の地球温暖化問題を受けて，地球に優しい生活を進めようという動きが世界的に広まり，資源の無駄づかいを自粛したり，リサイクルのためにゴミの分別を進めたり，グリーンコンシューマーに代表されるように環境に優しい製品を買ったりというように私たち消費者の環境意識を高めつつある。また，企業レベルでは，ゼロエミッション，CSR（企業の社会的責任）活動，さらに二酸化炭素の排出量取引などの環境への配慮が，企業のイメージ戦略とも関係して広まりつつある。

このように自分たちの生活レベルはあまり落とさずに余裕のある範囲で，すなわち無理をせずに環境のために協力するという考え方がシャロー・エコロジーである。言い換えれば，シャロー・エコロジーは人間側に大した犠牲を求めない人間中心主義的な倫理観であり，最小限の倫理学と称されている。また，シャロー・エコロジーは自分たちが犠牲を払わなくても，最終的に人間の技術革新が現在の環境問題を解決してくれるという楽観的な立場を取っている。このシャロー・エコロジーに対して，アルネ・ネスは「主たる目標は発展をとげた国々に住む人々の健康と物質的豊かさの向上・維持に置かれている」（ネス 2001：32）と批判し，アラン・ドレングソンは「そこそこの対策をとることで事を済まそうとする姿勢」と酷評している（ドレングソン 2001：103）。

一方，ディープ・エコロジーはアルネ・ネスによって確立され，生態系中心主義の倫理を展開した。アルネ・ネスの唱える7つの原則の中で代表的なものが，生命圏の全体主義（ホーリズム）である。

> 「地球上の人間とそれ以外の生命が幸福にまた健全に生きることは，それ自体の価値（本質的な価値，あるいは内在的な価値といってもよい）を持つ。これらの価値は，人間以外のものが人間にとってどれだけ有用かという価値（使用価値）とは関係のないものである」（ネス／セッションズ 2001：76）。
>
> 「人間は，不可欠の必要を満たすため以外に，この生命の豊かさや多様性を損なう権利を持たない」（同前：76）。

ここにディープ・エコロジーは，人間中心主義を完全に否定するとともに，経済活動と自然保護の両立をも否定している（図2-2）。

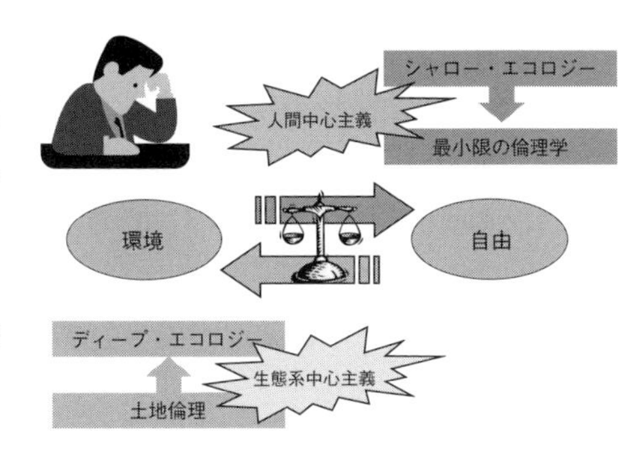

図2-2　シャロー・エコロジーとディープ・エコロジー

ここで使用価値（道具的価値）とは，人間がある目的のために利用することによって生じる価値のことであり，それに対する内在的価値とは，使用価値はなくてもそれ自体が存在することに生じる価値のことである。

また，ディープ・エコロジーは人間側にも犠牲を求める倫理である。この生命圏のホーリズムが極端に走り出すと，人間にも生態系の構成員として調和と秩序を求めることになる。すなわち「なにも犠牲を払わずに環境問題が解決されることはありえない」という考え方から「全体の利益のために個体に犠牲を強いる」という極論に至る。レオポルドの代弁者と称されるジョン・B・キャリコットは，生態系中心主義を推進するあまり「全体への貢献度の低いもの，全体の利益に反するものは，犠牲になる」といった誤解を招く議論を展開し，環境ファシズムという非難を受けた（須藤 1998：160）。

2 未来世代への責任

シャロー・エコロジーからディープ・エコロジー，そして環境ファシズムまで環境倫理は様々であるが，いずれも大なり小なり生態系を尊重することでは同じ立場を取ることが環境倫理の原理であると考えられる。その原理を基にして，加藤尚武は次のように環境倫理の3原則をまとめている（加藤 2005a：1）。

➢生物保護

「人間だけでなく，生物の種，生態系，景観などにも生存の権利があるので，勝手にそれを否定してはならない」(加藤 1991：1)。すなわち，人間の責任範囲の拡大を意味する。

➢地球有限主義

「地球の生態系は，開いた宇宙ではなくて閉じた世界である」(同前：8)。それゆえ地球の資源の利用と環境汚染について自分勝手な振る舞いは許されず，全体主義的な取り組みが求められる。

➢世代間倫理

「現在世代は，未来世代の生存可能性に対して責任がある」(同前：4)。すなわち私たちが享受している地球の資源と環境を未来世代に残すという責任があり，資源と環境の持続可能な利用と保全が求められる。

生命倫理が現在における快苦を問題にしているのに対し，環境倫理は現在から未来への時間軸を未来世代への責任という形で背負っているところに特徴がある。すなわち，地球の資源と環境をただ未来世代に残すということだけでなく，現在の私たちがこの地球の資源と環境の中で選択できる同じ自由を未来世代にも保証するということである。

持続可能性の概念は1987年に出されたブルントラント委員会報告書によって確立されたといわれている。この報告書は自然生態系の保護とともに未来世代の利益を守ることを提言している。未来世代の利益を守ることとは，未来の世代が自分たち自身の欲求を満たすための能力（ability）を減少させず，現在および将来の人間の欲求と願望を満たす能力（potential）を高めることができるように，地球の資源と環境を持続させるということである（加藤 2005b)。

デイリーは「持続可能性とは枯渇型の資源への依存からの脱却と廃棄物累積の回避である」(同前：49から再引用）として持続可能な発展のための三つの条件を示している。この中で自然の持続的な利用に関して，「土壌，水，魚など再生可能な資源の持続可能な利用速度は，再生速度を超えるものであってはならない」と述べている（同前：48から再引用)。

森林に関する持続可能な考え方は，1992年の国連環境開発会議（UNCED）で採択されたアジェンダ21の第11章「森林減少対策」で，熱帯林，温帯林，北方林を含むすべての種類の森林の多様な役割・機能の維持や，森林の持続可能な経営および保全の強化などに見られる。また，同時に森林原則声明が採択され，これは「全てのタイプの森林の経営，保全及び持続可能な開発に関する世界的合意のための法的拘束力のない権威ある原則声明」と称し，持続可能な森林管理を目指した森林に関する初めての世界的な合意である（国連事務局 1993）。

しかし，生態系は不変のものではなく，気候変動などの影響を受けて絶えず変化しながら過去から未来へと持続している。レオポルドはこのように変化する生態系への対応としての環境倫理の意義を次のように述べている。

「倫理は，その場その場の生態的状況に対応する際の指針だと思ってよかろう。生態的状況というのは，常に新たに変わり，しかも複雑であり，反応がすぐには現れないため，このような指針がないことには，いったいどう対応すれば社会にとって都合がよいのか，ふつうの人間にはさっぱり分からないからである」（レオポルド 1997：317）。

3 環境倫理への批判

人間中心主義を排して，生態系を重視する環境倫理であるが，それをユニバーサルなものとして社会への適用を考える場合に以下に示す問題点が指摘されている。

原生自然のない日本

レオポルドが尊重する原生自然は，いまだ人間の手が加わらず，自然のままの生態系が機能している自然である。北米ではこのような原生自然がまだ残っているかもしれない。否，彼らは自然と共生してきた先住民の足跡に気づかないか，知ろうとしなかっただけかもしれない。氷河期から移り住んだ先住民たちは自然の中で生活の歴史を築きあげてきており，純粋な意味での原生自然は北米でも存在しているか疑わしい。しかしながら，レオポルドたちが原生自然と信じるのに十分なほど原生的な自然が広がっていたことは確かであろう（写真2-1）。

写真2-1　北米の原生的自然

一方，日本人は歴史的に自然と共生

する生活を送ってきたが，狭い国土に人口が多い日本では森林が農地に開墾され，原生的な自然さえ奥山にしか見られず，まして原生自然はほとんどない。鬼頭秀一は原生自然について次のように述べている。

「アメリカにおいてずっと問題にされてきた自然環境は，『基本的に』人間の手が入っていない『原生自然』であるのに対して，日本における自然環境は，人間の手が入っていないところを見つけ出すことが非常に難しいほど，人間と関係があるようなところが大部分である」(鬼頭 1996：59)。

このように出発点の異なる環境倫理が果たして日本の自然に適用できるのかという疑問が出されている。

環境倫理の南北間格差

同様の批判は，グーハが「ラディカルなアメリカの環境主義と原生自然の保存――第三世界からの批判」の中で「アメリカにおける環境倫理学の議論の背景には，アメリカ固有の自然保護の文化的伝統に根ざす『原生自然』(wilderness) 保存の運動があるが，これをそのまま第三世界に適用することはきわめて危険ですらある」(丸山 2005：29) と述べている。

例えば，南アジア，東南アジア，東アジア地域にかけて幅広く生息していた虎は，20世紀初頭に10万頭いたと推測されているが，ハンティング対象として乱獲された。また，森林減少によって生息地が奪われ，その生息域が少なくなり，2007年にインドではベンガル虎が1411頭まで減少した（WWFジャパン)。原生自然の保存という環境倫理の観点からは，食物連鎖の頂点に立つ虎はなくてはならない存在であり，当然虎を保護するという動きになる。インドでは，ベンガル虎を保護するために1970年代からオペレーションタイガーの運動による密猟の取り締まり強化を行った。その結果，2014年に2226頭まで回復した（WWFジャパン)。しかし，インドではベンガル虎の生息する森林の近くにも人間が住んでおり，当然の事ながら森林の中で虎に遭遇することがある。インド環境省の発表では，2014年からの3年間に92人が虎に襲われ亡くなっている。虎は世界的な絶滅危惧種として優先的に保護されるが，そこで生活する開発途上国の人間の安全については，まったく考慮されていない。極端な場合は，虎のいない地域への集落の移転を強制することも行われかねない。確かに，住民の安全はその国の政府の責任問題であるかもしれないが，国際的な自然保護の動きで環境倫理を開発途上国に押し付け，そこで生活する弱い立場の住民たちに不利益を被らせることは，まさに環境上の人種差別（環境レイシズム）である。

さらにグーハは「地球がかかえている基本的な環境問題とは，先進工業国と第三世界の都市エリートたちとによって不当に資源が過剰消費されているという問題であり」「人間中心主義と人間非中心主義という二分法によって理解できるものではない」としている（丸山 2005：29)。

森林の減少傾向を見ても，先進国ではむしろ森林が増えているのに対して，開発途上国では，特に熱帯林の減少傾向が顕著である。このことは木材産出国の森林の過大な負担の上に，先進国や経済発展が盛んな開発途上国に木材資源が集中していることを示し，輸入国側と輸出国側の森林に関する環境倫理の南北間格差を生じている。さらに，輸出国側では違法伐採が横行し，一部の人間の利益のために大面積の森林伐採が行われ，そこで暮らしてきた原住民の生活の場を奪うとともに，野生動物たちの住みかも奪っている。

ここでは，人間中心主義と人間非中心主義の是非をめぐった机上の空論のやりとりではなく，まさに人間にまつわること自体を解決しなければ，その影響を受ける環境問題の解決が望めないことになる。丸山は「環境問題とは，実はそれぞれの地域の人々の生活（生存）と労働（生業）の問題でもあるのだ」と述べている（丸山 2005：30)。このような開発途上国の事情を考えない環境倫理や環境政策は，ベンガル虎の保護の例にも見られるとおり，環境上の人種差別（環境レイシズム）を生み出すことになる。

北米のローカルな倫理がグローバル化し，ユニバーサル化しようとする問題

地球温暖化問題を受けて環境倫理はますますグローバル化されつつあるが，元はといえば，北米の原生自然を背景に生まれてきたローカルな倫理である。桑子敏雄は「西洋近代の原理もいわばその発生からいえばローカルなものであったが，しかし，そのローカルであることのうちに，みずからがグローバルであり，しかもユニバーサルであるという主張を含んでいた。だがこうした

ローカルな起源をもつ思想がほんとうにグローバルであり，またユニバーサルであるか，という問題は，根本から考察しなおさなければならない」(桑子1999：113) と警告している。

ギャレット・ハーディンは，1974年に「救命艇の倫理」を論文で公表した。救命艇の倫理は，次のような質問から始まる。船が沈んでたくさんの救命艇が海に漂っており，その中には乗員の少ない救命艇もあれば，乗員の多い救命艇もある。そこで，乗員の少ない救命艇に乗っているあなたは，乗員が溢れて今にも沈みそうな救命艇に出会ったらどうするか。以下の4つの選択肢から答えよ。

① 人道的見地に立って助けを求める人たち全員を乗せようと努める。

② そこに合理的判断も入れて，定員ギリギリのあと10名までは乗せる。

③ 利他主義あるいは全体利益の見地から，生き延びるに値する人を選んで乗せ，そうでない人はすでに乗っている人でも席を譲ってもらう。

④ 上記3つの悩みを断ち切って，これ以上は1人も乗せない。

救命艇の倫理では，正解は④になる。ここで，乗員の少ない救命艇を先進国，乗員の多い救命艇を開発途上国と置き換えると，環境倫理の南北問題が現れてくる（シュレーダー＝フレチェット 1993)。

正解の根拠は，乗員の多い救命艇の人を助けるということは，開発途上国に経済援助をするということであり，開発途上国を外部から援助すると，開発途上国は人口を抑制しなければならないことを学ばない。その結果，結局は開発途上国の人口が増加し，問題は解決しないとしている。一見，非人道的で人間の生命を軽視しているように見えるが，すべての人間を救おうとする人道的な行為を採用すれば，地球は破滅するだろう。その意味で，救命艇倫理は非人道的ではあるが，人間という種の生命を重要視していると考えられる（同前)。

救命艇の倫理は，究極の状況に追い込まれた場合を想定した倫理であり，危機がないところに危機を見出して誇張し，その恐ろしさから議論を組み立てているという批判を受けている。また，判断する自分が乗員の少ない救命艇に乗っている，すなわち先進国側であるということも問題である。先進国が開発途上国の生殺与奪の権利を持つこと自体がおかしいと批判されている（同前)。

しかしながら，地球環境の究極の状態でこのような環境倫理がユニバーサルなものとしてまかりとおると，開発途上国のローカルな事情を顧みず，白人社会を中心とする先進国側が全体的な決断を下しかねない。

生態系そのものを守る必要性

気候変動などの影響を受けて生態系が絶えず変化している存在であることを踏まえて，生態系そのものを守る必要がないという主張がある。生態系は環境の変化に対応して，形を変えながらもその土地に持続してきた存在であるから，わざわざ人間が守る必要がないということである。

岡本裕一朗によると「もし，『生態系を守れ』と主張する人がいれば，その人は『現在の生態系を守れ』と主張する以外にはない。ところが，この主張は単に『現在の生態系への偏愛』以外の何ものでもない」(岡本 2002：173)。そして，「生態系主義者が『生態系を守れ』と主張するとき，『現在の生態系の保護』を訴えている。しかし，なぜ『現在の生態系を守る』かといえば，『人間の存続』のためではないだろうか」と述べる（同前：175)。

しかし，人間の社会が生態系に不可逆的な影響を与えているという事実があり，また，廃棄物を無限に受け入れられるわけではないという地球環境の有限性を考える場合に「生態系を守る」必要性は本質的にあると考える。確かに生態系は変化していくものであるが，「現在の生態系を守る」という近視眼的な対応ではなく，人間による影響を最小限にとどめながら，その他の自然要因による生態系の変化を柔軟に受け止めながら，「時空間的な総体としての生態系を守る」対応が求められるのである。

しかし，「なぜ生態系を守る必要があるのか」という問いを考える場合に，純粋に生態系中心主義で回答できるかという疑問が残る。環境倫理の３原則のひとつである世代間倫理は，未来世代への責任であり，そこには「人間の存続」という基本的要求がその背景に存在することは確かである。人間中心主義を否定し，生態系中心主義を主張する環境倫理であるが，「なぜ生態系を守る必要があるのか」という根本的な疑問を抱くときに，その根底にある人間中心主義を払拭することはできない。

守るべき生態系は誰がどのように決めるのか？

確かに原生自然の生態系は数少ないかもしれないが，貧弱あるいは不完全であっても生態系は地球上のすべてのところに存在する。私たちが生活する都市のまわりにも，原生自然からかなり変質した形ではあるが生態系は存在するのである。この中で倫理的に守るべき生態系を誰がどのように決めるのかという疑問が生じる。

岡本裕一朗は「『生態系そのもの』は守る必要がない。問うべきなのは『どんな生態系を守るべきか』，つまり『いかなる生態系が道徳的に望ましいか』ということだ。しかし，これに対する答えは，明らかに生態系からは出てこない」(同前：172) として，「どんな『生態系』が望ましいのかを考えるとき，基準となるのは，自然の人間からの独立性を認めても，やはり人間にとっての自然なのだ」(同前：175) とここでも人間中心主義による判断が避けられないと主張している。

すべての生態系を守る対象とすることはできないため，面的な管理の中で生態系を守る場所と利用する場所の線引きが必要になってくるが，その際に上記のような判断を私たちは求められる。守るべき生態系を検討する段階では，その生態系が健全に維持されるように生態系中心主義の考え方で対応できるが，どの生態系を守るべきかという判断の段階では，それが人間にとってどのような意味があるのかという論点になり，極めて人間中心主義であるといわざるをえない。

精神的な意識改革だけで経済的側面を変えられるのか？

環境倫理は人間中心主義の脱却を求めて，精神論を展開して発展してきた。特に，ディープ・エコロジーは生態系中心主義の立場を取り，自然保護と経済活動の分離を進めてきた。鬼頭秀一は次のようにディープ・エコロジーの弱点を指摘する。

> 「ディープ・エコロジーの思想は，どちらかというと，人間の心理学的な，精神的な側面を重視している。この傾向は，環境意識の転換という意味ではひとつのあり方として重要な意味をもつことは事実である。しかし，われわれの日常的な生活は単に精神的な側面だけでなく経済的な側面によっても支えられ，経済的側面こそが現在の環境危機につながっていることを考えたときに，ディー

プ・エコロジーの多くの論者が想定しているように，経済的な側面をも精神的な意識改革だけで変えられると考えることはかえって危険でもある」(鬼頭 1996：89)。

人間中心主義を否定するあまり，経済活動の問題に取り組むことを拒み，人間の意識改革を求める精神論に終始することになり，結局，実効性のない空論に陥っているという批判を環境倫理は受けることになる。

4 自然の内在的価値

本章1節で内在的価値と道具的価値について述べた。生態系中心主義のディープ・エコロジーは自然の中に内在的価値があるとしているが，人間中心主義に近いシャロー・エコロジーは自然の内在的価値に否定的である。両者の言い分は平行線を辿り，1970年代から実に20年間あまり不毛な議論を続けることになる（丸山 1998)。論点は以下の3つに代表される。

・人間中心主義は自然を破壊するのか？
・自然の中に内在的価値を認めるのか？
・内在的価値は一元的に尊重されるべきか？

生態系中心主義か？　人間中心主義か？　の選択は，自然の中に内在的価値を認めるか？　認めないか？　という二者択一の問題に集約される。生態系中心主義は，人間中心主義が経済的原理に基づき自然を道具的価値としてのみとらえており，自然破壊をもたらすと端的に決めつけた。一方，人間中心主義は，生態系中心主義が自然の内在的価値を一元的に尊重するあまり，人間の生活を顧みないばかりか犠牲まで強いると非難した。

この是か非かという議論に見られるような決して相手を認めようとしない二元対立論の背景には，西洋の宗教思想が影響を与えていると考えられる。西洋を代表するユダヤ教，キリスト教，イスラム教は，いずれも砂漠地域で生まれた宗教であり，明か暗か，暑いか寒いかといった過酷な自然の中で，一元的に尊重される神が存在し，その全知全能の神の前で善か悪かを審判する思想が生まれた。

しかし，自然は内在的価値と道具的価値の二元論で評価できる存在ではない。内在的価値と道具的価値についてもう少し詳しく見てみよう。

環境経済学による自然の価値

環境倫理とまったく反対の立場にある環境経済学では，自然の価値をすべて経済価値に置き換えて評価を行う。単純に経済的評価が行えない価値についても，費用便益分析を使って経済的評価を推定する。例えば，森林の水土保全機能については，もしその森林がなければ防護できない災害の被害額を積み上げて経済的評価を行う。具体的には，森林によって防護できるであろう斜面崩壊や土石流などによる下流の道路や鉄道などの公共施設や人家の物的ならびに人的被害額を想定して積算する。この環境経済学の視点で，森林の生態系サービスを例に自然の価値を分類すると図2–3のようになる（栗山 2011）。

環境経済学では，自然の価値を人間が利用できる利用価値とそれ以外の非利用価値に大きく二分する。利用価値はさらに直接的利用価値，間接的利用価値，オプション価値の3つに分けられる。直接的利用価値は，木材生産のように消費可能な生産物として得られる価値であり，木材価格として経済的評価が最も行いやすい。間接的利用価値は，消費的価値はないが，費用便益分析を行い経済的評価を行うもので，レクリエーション機能，水源涵養機能，水土保全機能など，いわゆる森林の生態系サービスが該当する。一方，アマゾンの天然林の遺伝子資源のように，将来の製薬材料としての可能性があるとか，研究対

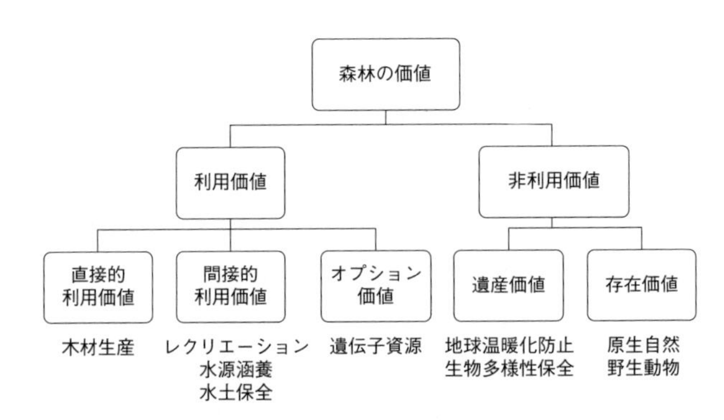

図2–3　森林の生態系サービスと経済価値
出所）栗山（2011：37）より筆者作成。

象として新種の生物が存在する可能性があるといった費用便益分析ができない経済価値をオプション価値としている。これらの利用価値は，環境倫理学で言うところの道具的価値に相当し，現在あるいは将来の人間の役に立つものに関する経済的評価である（同前）。

一方，非利用価値は遺産価値と存在価値の2つに細分される。非利用価値の遺産価値は，将来の人間のためというよりも，人間も含めた地球上のすべての生物の生きる環境を将来に向かって残すという意味の価値であり，森林の地球温暖化防止機能や生物多様性保全機能が該当する。それ以外の非利用価値として，環境経済学では原生自然や野生動物のような存在そのものを存在価値として分類している。存在価値は人間が利用できる価値ではないが，存在そのものに価値を見出しているところから，環境倫理学でいうところの内在的価値に近いものであると考えられる（同前）。

人間中心主義は，経済的な視点からの自然を利用する利用価値，いわゆる道具的価値ですべての自然を評価しようとするため，結局は自然を破壊することになると生態系中心主義から非難されている。しかし，「人間中心主義が，直ちに自然破壊を正当化するとは限らない。たとえば，自分が育ってきた自然環境の美しさを，自分の子どもや孫たちにも残してやりたいと思う人々の思いは，確かに，どこまでいっても人間のための考慮であって，自然そのものの価値の尊重ではないから，人間中心主義である。しかし，その人間中心主義は，決して自然破壊を正当化するものではなく，むしろその反対である」（丸山2005：33）。環境経済学者によっては，そのあたりを非利用価値に含めているかもしれないが，環境倫理学では感性的価値として道具的価値の一部として分類している（熊坂 2011）。いずれにしても，道具的価値と内在的価値という単純な二元論では，人間と自然の関係を論ずることができない。

◉——もっと詳しく環境倫理について知りたい方にお勧めの本

アルド・レオポルド　1997『野生のうたが聞こえる』新島義昭訳，講談社

ジョゼフ・R・デ・ジャルダン　2005『環境倫理学——環境哲学入門』新田功・生方卓・蔵本忍・大森正之訳，人間の科学社

加藤尚武編　2005『環境と倫理　新版』有斐閣

馬奈木俊介・地球環境戦略研究機関編　2011『生物多様性の経済学』昭和堂

◉——参考文献

アラン・ドレングソン　2001「パラダイムの転換——技術主義から地球主義へ」アラン・ドレングソン／井上有一編『ディープ・エコロジー』井上有一監訳，昭和堂
アルド・レオポルド　1997『野生のうたが聞こえる』新島義昭訳，講談社
アルネ・ネス　2001「シャロー・エコロジー運動と長期的視野を持つディープエコロジー運動」ドレングソン／井上編，前掲書
アルネ・ネス／ジョージ・セッションズ　2001「ディープエコロジー運動のプラットホーム原則」ドレングソン／井上編，前掲書
J・ベアード・キャリコット　2004「アルド・レオポルド」ジョイ・A・パルマー編『環境の思想家たち下　現代編』須藤自由児訳，みすず書房
ジョゼフ・R・デ・ジャルダン　2005『環境倫理学——環境哲学入門』新田功・生方卓・蔵本忍・大森正之訳，人間の科学社
加藤尚武　1991『環境倫理学のすすめ』丸善
加藤尚武　2005a「環境問題を倫理学で解決できるだろうか」加藤尚武編『環境と倫理　新版』有斐閣
加藤尚武　2005b「持続可能性とは何か」加藤編，前掲書
鬼頭秀一　1996『自然保護を問いなおす——環境倫理とネットワーク』ちくま新書
国連事務局　1993『アジェンダ21——持続可能な開発のための人類の行動計画』海外環境協力センター
K・S・シュレーダー＝フレチェット　1993「『フロンティア（カウボーイ）倫理』と『救命ボート倫理』」シュレーダー＝フレチェット編『環境の倫理　上』京都生命倫理研究会訳，晃洋書房
熊坂元大　2011「自然の探求から自己の探求へ——環境倫理学の役割とリベラルな環境保護」一橋大学博士論文
栗山浩一　2011「生態系サービスの経済価値評価の応用」馬奈木俊介・地球環境戦略研究機関編『生物多様性の経済学』昭和堂，36-38頁
桑子敏雄　1999『環境の哲学』講談社学術文庫
丸山徳次　2005「人間中心主義と人間非中心主義との不毛な対立」加藤編，前掲書
松永澄夫編　2008『環境——文化と政策』東信堂
岡本裕一朗　2002『異議あり！——生命・環境倫理学』ナカニシヤ出版
須藤自由児　1998「自然保護は何をめざすのか」加藤尚武編『環境と倫理』有斐閣
谷本光男　1998「生物多様性保護の倫理」加藤編，前掲書
WWFジャパン　「大幅な増加を確認！　インドのトラ調査結果」https://www.wwf.or.jp/activities/activity/1265.html（2019年7月25日閲覧）

第３章　人間のかかわりの重視——日本の自然思想から

地球温暖化問題の国際的な解決に向けて，地球温暖化防止条約の締約国会議COP3で1997年に批准された京都議定書は，先進国と開発途上国の主張が平行線をたどり，開発途上国にはCO_2の削減目標を課さず，先進国にはCO_2の排出量取引を入れた京都メカニズムの提案で対処するなど，やっと2005年のCOP11で運用が採択された。しかし，京都議定書の第一約束期間（2008～2012年）後の新たな枠組みが，またもや先進国と開発途上国の論争がぶり返して決まらず，2015年のCOP21でようやくパリ協定が批准された。先進国の言い分は「CO_2を削減すると経済活動が停滞するので，CO_2削減は開発途上国も一緒に行うべき」というものであり，一方，開発途上国の言い分は「CO_2削減はこれからの経済発展の妨げになる。すでにたくさんのCO_2を排出して発展してきた先進国と同列に扱われるのは不平等である。先進国がその責任を取るべき」というものである。地球温暖化対策をめぐる情勢を見ても，各国の思惑やエゴが衝突し，人間中心主義による環境保全と資源利用の対立が顕著になっている。このままでは地球温暖化の動きを抑止することができないことは，誰しも懸念するところである。

是か非かという一元的道徳論は厳しい自然の中で育まれてきたキリスト教を土壌とする西洋思想であり，産業革命以降の科学技術の発展を支えてきた思想である。しかしながら，経済問題や南北問題が錯綜した環境保全と資源利用の対立状態においては，このような一元的道徳論を振りかざしていては解決するどころか，ますます対立を深めることとなる。

また，人間中心主義を否定し，生態系中心主義を唱える環境倫理も一元的道徳論に他ならず，人間の意識改革という点である程度の教育効果は期待されるが，環境倫理をユニバーサル化することによって地球温暖化問題を有効に解決できるとは考えられない。

そこで，西洋思想とまったく異なり，多様な価値観の共存を許している東洋思想に環境保全と人間社会の対立状態の解決策を見出せるのではないかと期待される。この章では東洋思想の中でも日本の自然思想について，その特色となる「自然との共生」「グローバルとローカルの習合」「空間の履歴」を中心に概観し，森林の理念づくりにおいて「なにを大切にすべきか？」という課題を別の視点から考察する。

1 自然との共生

日本人の自然の概念

農耕民族である日本人は，自然と共生する生活を古から送ってきた。四季のはっきりした自然は，詩歌に詠われ，絵に描かれ，日本人の文化を育んできた。また，四季の移り変わりの兆候は，農業のスケジュールを決め，農作物の豊凶を予測し，気象災害に備えるために重要であり，そのため日本人は日々の自然の変化に敏感であったと考えられる。

「今では農薬や科学肥料が植物への対応を寛容にしているが，本来稲作農家は日の出の光の中で，1枚1枚自分の水田の稲の葉の色を見極め，その日の作業を決めるのである。夏になると曾てはまだ闇の残る畦の其処此処にじっと佇み，稲を見つめる農夫の姿が当たり前のことのように全国で見られた。田んぼ1枚1

枚の違い，そして１日１日の違いを判らない人間には自然は恵みを返してはくれなかった」(渋澤 2003：28)。

自然は恵みを与えてくれる優しい存在であるとともに，自然の変化に敏感でない者や怠け者に対しては厳しい存在であった。日々の生活が自然とともにあり，自然を身近に感じながら，というよりも自然の中に生活があったと考えられる。このような日本人の生活を画家のゴッホは「日本人は自分自身が花であるかのように，自然に溶け込み暮らしている」(筒井 1995：72) と感嘆した。

自然の中で自然とともに日本人の生活があったため，人々は自然の兆候には敏感であったが，特に自然を別な存在として意識することはなかったようである。明治に入って森鴎外や福沢諭吉らがnatureに対する訳語として「自然」を当てるまでは，日本に「自然」という名詞は存在しなかった。すなわち，日本人は「自然」という実体詞を作って，わざわざ意識するという必要性を感じてこなかったということである。桑子は「『自然』は，実体詞というよりむしろ形容動詞や副詞として用いられてきた語である」とし，「もののあり方や運動変化を記述するものとして『自然だ』『不自然でない』という言い方で用いられてきた」としている (桑子 1999：114)。

西田幾多郎は「私は日本文化の特色というのは，主体から環境へという方向において，何処までも自己自身を否定して物となる，物となって見，物となって行うというにあるのではないかと思う。己を空うして物を見る，自己が物の中に没する，無心とか自然法爾とかいうことが，我々日本人の強い憧憬の境地であると思う」と述べている (山内 2003：58から再引用)。

例えば，庭園の作り方を見ても，西洋と日本ではまったく異なる。ウィーンのシェーンブルン宮殿に見られるとおり西洋の一般的な庭園は，森を切り開き，地面を平らに造成し，宮殿から直線的な視線を確保する道を入れ，その途中に噴水のある円形の池を作り，道の周りは幾何学的に草木を並べた迷路を配置し，とにかく自然をねじ伏せて人工的な空間を演出している (写真3-1)。

それに対して，日本の庭園作りは，中央に心の字池という心という字を草書体のように崩した形の池あるいは砂利池を配置し，自然の地形を生かして周りには樹木や草花を植え，遠景には遠くの山を使っている。これを借景といい，

写真3-1　ウィーン郊外のシェーンブルン宮殿と庭園

写真3-2　高松市の栗林公園の借景

自然を模した近景の心の字池から中景の丘と草花や木々，さらに借景である裏山の遠景まで一体となって自然な景観を演出している。建物の縁側に座って庭を眺めると，庭園が作り出す風景の中に，まさに自分が一体となっているような境地に至ることができる（写真3-2）。

しかし，このような自然法爾の憧れは，生活に追われている庶民の姿を表しているというよりも，詩歌を吟じ，書画に通じた余裕のある知識人の心情を想定しているように思われる。庶民は好き嫌いにかかわらず，自然に寄り添って自然とともに生きていかなければならず，自然法爾の境地にあったかどうかは疑わしく思われる。一方，余裕のある知識人は自然と四季の移り変わりに風流を感じた生活をしている。いずれにしても自然との共生社会が成り立っていたということなる。

江戸時代まで続いてきたこの自然との共生社会は，明治時代以降の近代化政策と工業重視の社会の中で第一次産業が軽視されるとともに崩れ去った。日本人は「自然は人間の技術によって制御できる」という西洋思想にかぶれて，日々の生活の中で自然の兆候を敏感に感じるセンスを失い，また自然との共生社会で培った経験をも否定した。特に，エネルギー革命後は森林から生活に必要な燃料を得るという自然との唯一のつながりもなくなり，日本人の意識から自然は遠ざかっていった。

経済大国化した日本では，レジャー施設建設のために自然を大規模に破壊したり，森や山の中にゴミを不法投棄したりと，江戸時代までの自然を愛し自然との共生生活を送ってきた同じ日本人の仕業とは思えない状況になっている。この矛盾について，小坂は「日本人の自然愛は自然一般や自然全体に対する愛ではなく，日頃，自分が接する，きわめて狭い範囲の自然に対する愛に限られる傾向があった」と分析する（小坂 2003：216）。日本人の自然に対する意識は江戸時代も現代も変わっておらず，現代人は身近に接する自然をなくしたため，このようにモラルのないことになっているのではあるまいか。すなわち，自分とかかわりのない遠くの自然に対しては愛情がなく，どうなろうとあまり関心がない。それゆえ，旅先の自然の中に平気でゴミを捨てたり，高山植物を違法に採取したり，立入が禁止されているところに入ったりする観光客や登山者が後を絶たないのである。

自然とのかかわり

このように自然が生活の中で離れた存在になることを鬼頭は「切り身」の関係と定義する。「切り身」の自然との関係とは，「社会的・経済的リンクと文化的・宗教的リンクによるネットワークが切断され，自然から一見独立的に想定される人間が，人間から切り離されて認識された『自然』との間で部分的な関係を取り結ぶあり方『かかわりの部分性』」としている（鬼頭 1996：126）。

現代の日本人の生活では物が豊富にあり，「待つ」ということなしに，ほしい物をいつでも手に入れることができる。この豊富な物を生産する背景にある自然について私たちは意識しないで生活することができるし，自然とのつながりがわかりにくい社会になっている。唯一私たちが自然とのつながりを感じるのは，旅行やレクリエーションで山や海を訪れるときであろう。このように部分的な自然とのかかわりが「切り身」の関係である。

それに対して，「生身」の自然との関係とは，「人間が，社会的・経済的リンクと文化的・宗教的リンクのネットワークの中で，総体としての自然とかかわりつつ，その両者が不可分な人間—自然系の中で，生業を営み，生活を行っている一種の理念型の状態『かかわりの全体性』」と定義している（同前：126）。

その上で，鬼頭は「環境問題の本質は，人間から離れて存在している自然が損なわれることではなく，人間と『生身』のかかわりあいがあった自然が，『切り身』化していくことである。この観点に立つと，『生身』の関係，つまり人間―自然系の『全体性』を回復することが環境問題の解決における重要な鍵となる」と述べている（同前：133）。

明治以降の近代化と第二次大戦後のエネルギー革命によって「切り身」化された自然との関係をどのように「生身」化していくのか。今さら私たちの生活を江戸時代のレベルに落としたり，薪炭を使う生活に戻したりすることはナンセンスであり，多くの理解は得られないであろう。

しかし，シャロー・エコロジーといわれるかもしれないが，生活の中で自然を意識する試みは可能である。例えば，生活に欠かせない水の供給，二酸化炭素の吸収，代替エネルギーとしてのバイオマス資源等々は森林にリンクした事柄である。これらの理解を環境教育や体験学習を通して深めることが大切であるし，ボランティア活動などを通して森林のために働くことで，より自然とのつながりが太くなるものと考えられる。また，ブローカーなどの中間者がいくつも入った流通システムを改善し，生産者と消費者がお互いの顔が見えるように近づけることも「生身」の関係を再構築することに役立つであろう。例えば，産直販売や地産地消がその具体的な方策になる。さらに，季節に関係なく買える野菜づくりを見直し，旬のものを旬の時期に販売する旬産旬消で生活の中に季節感を取り戻すことができ，またハウス栽培の暖房が節約できるため二酸化炭素の排出量削減にも効果がある。

2 グローバルとローカルの習合

神仏習合思想

日本人は生まれたときは神社にお宮参りをし，結婚式はキリスト教会で挙げ，お正月は神社に初詣に行き，お葬式はお寺で行い，最後に仏教のお墓に入るといわれる。これは日本人の多くが特に信仰を持っていないということを象徴的に表しているとともに，まったく異なる多様な宗教の存在を生活の中で容認している，あるいは気にかけていないという大らかさをも示している。

キリスト教は安土桃山時代（1549年）にフランシスコ・ザビエルによって日本にもたらされたが，その後のキリスト教弾圧が明治になるまで続いたので，その信者は約200万人程度であり，日本では少数派にとどまっている。

それに対して，仏教は欽明天皇期（538年頃）に伝来したといわれており，奈良時代には東大寺を建立し，全国に国分寺と国分尼寺を配すなど鎮護国家を目指した国家的なバックアップを受けて全国に広められた。

しかしながら，仏教伝来以前から日本には八百万の神を信仰する土着の神道が存在し，日本は天照大神の末裔である天皇を頂点にいただく神道国家であった。物を崇拝するアニミズムの神道と無の境地に悟りを開く仏教というまったく異なる宗教同士が，幾度となく対立の歴史を踏みながらも融合していった。この神道と仏教の融合が神仏習合と称され，このような思想を本地垂迹思想という。

仏教は無の境地への悟りを開くための修行を行う宗教であるが，その悟りを開いた如来や菩薩を先達とする信仰世界を有したグローバルな思想である。しかし，この仏教思想は一般庶民が理解するには難しいため，如来や菩薩を仏像という形で具現化し，煩悩を抱える衆生である私たち庶民がこの仏像を拝み念仏を唱えることで，先達である如来や菩薩を通して極楽浄土に導いていただこうという信仰として広まった。

ここに曼荼羅に象徴されるようなグローバルな信仰世界を持つ仏教を本地とし，土着の信仰を集めてきた日本の伝統的でローカルな神々を垂迹とする融合が行われてきた。本地とするグローバルな信仰世界はひとつであるが，庶民の救済のために，彼らがなじみやすいように慣れ親しんだローカルな神々の形に如来や菩薩という本体が変化して現れて導くという思想であり，その姿を権現と呼ぶ（桑子 1999）。

桑子は本地垂迹思想を「ローカルな視点から，グローバルな思想をその意味づけのなかに取り込んでいる」と述べている（同前：36）。桑子はさらに「このような『習合』のあり方が重要なのは，ローカルなものがグローバルなものの一部として解消してしまうのではなく，それぞれが独自のものを維持しながら共存しているということである。両者は対立しているのでもなく，融合して同一のものになってしまうのでもない」と強調している（同前：78）。

確かに仏教が伝来した当時と明治初期に廃仏毀釈の歴史はあるものの，仏教が神道に融合したり，反対に神道が仏教に吸収されたりすることもなく，お互いに独自の立場を守りながら共存している。このような習合思想は宗教だけに限られたものではなく，スケールや次元がまったく異なる対象をひとつの世界に混沌と共存させるという大らかさ，悪く言えば曖昧さは，私たちの日常生活の中のそこかしこにいまだに息づいているように思われる。

習合思想の崩壊

明治時代の近代化について，桑子は「明治政府の政策は，習合思想がめざしたローカルな地点に立つグローバルな思想の統合という構図を破棄し，欧化政策をすすめて自己のローカル性を廃棄することで，ひたすらグローバルな視線（じつは西欧というローカルな視線）を自己のものとしようとする運動であった」と批判する（同前：38）。また，小坂は明治以降の近代化について「一言でいえば，われわれは生の基礎（バックボーン）を喪ったのであり，みずからのアイデンティティーを失ったのである」と述べている（小坂 2003：191）。日本人は長い歴史の中で培ってきた自然との共生や習合思想，そして生活してきた履歴さえも古くさいものとして否定し，西洋の技術や思想をその背景を考えることもなく，新しいものとして形だけ取り入れてきた。

例えば，1990年代から木材生産現場に普及し始めた高性能林業機械は，北欧と北米で開発されたものである。これらの高性能林業機械は北米や北欧の地形や植生や林業事情といった背景の上に開発されてきた。その開発思想は合理的であり，作業の効率化を図るとともに，作業する人の安全性と軽労化を重視している。しかし，日本はこれらの機械が開発された背景や思想を顧みず，ただその労働生産性の高さという数値だけに飛びつき，林野政策として日本の作業現場への普及を進めてきた。しかも，日本の林業現場の背景や事情を考慮することなく，高性能林業機械に林業現場を合わせるという方針でこれらの機械の導入を進めた。

高性能林業機械の普及は，これまでの日本の森林管理の歴史を捨て去り，機械に合わせた森林管理を全国的に推し進めようという考え方である。一見，合理的な考え方であり，このような管理を行う森林が存在する必要性もあろうが，機械の開発は日進月歩で進んでおり，新たなスペックの機械が開発されるたびに，森林管理のやり方を根本的に変えていかなければならなくなる。あたかも新しいOSが出るたびにコンピューターを買い換えなければならないような頻繁な方針の転換が，100年の計を求められる森林管理になじむものであろうか。これまでの森林管理の歴史を持つ森林というローカルな立場に立って，効率化と安全性というグローバルな基準を持つ高性能林業機械をどのように活用して，共存していくかという習合思想に欠けている。

3 空間の履歴――人のかかわりの歴史

東洋には人間が多く，至る所に人間の歴史があるということは，原生自然が残る北米で生まれた環境倫理と出発点がまったく異なるところである。まったく手つかずの自然というものはなく，原生自然のように見えてもなんらかの人手が加わり，そこでは共生生活が行われてきた。

農耕はむろん農地を開墾するために元々あった森林を破壊するわけであるが，周りの森林から農地は気象害からの保護や水などの恩恵を受けるのみならず，新たに作られた多様な景観が元の森林よりも種の多様性を増やす結果になっている。また，農民たちは住宅建築や農事に必要な木材を森林から伐り出し，日常の炊事や暖房のための薪炭材を森林から得るとともに，キノコや山菜，イノシシなどの食材も森林から恵まれていた。このように人間の歴史（いわゆる履歴）が積み重ねられた自然（いわゆる里山）が，日本全国に存在していた（写真3-3）。確かに里山では原生自然は失われているが，決して自然破壊にはなっていない。里山では，自然の生態系と人間の生活がお互いに影響されながら共存し，その共生関係が維持されてきた。

守山弘は「人間が自然にあたえた影響をたんなる破壊とみるのではなく，それが自然をまもるうえではたしてきた役割を正しく評価すべき」と述べ，人間中心主義による自然保護を否定する環境倫理に釘を刺している。そして，「原生自然の保護とは異なるもう一つの自然保護も必要なのではないか，そしてそれは生物だけではなく人間のくらしや文化を含めた保護でなければならない」と日本独自の環境倫理のあり方を訴えている（守山 1988：3）。

自然に対する人間のかかわりの例を見ると，元禄時代に岡山藩で治山治水の腕を奮った儒学者の熊沢蕃山は，「山川は天下の源である。山はまた川の本である。山林は国の本である」という言葉を残している。「仁政の恒久的な方策

写真3-3　設楽町の棚田と里山

は，山林が茂り，川が深くなるようにすること」と述べ，人手を加えた積極的な自然保護の思想を示している（桑子 1999：153）。しかし，現在のようにコンクリート構造物で川の動きを封じたり，同じ樹種の人工林を大規模に造成したりするような技術を過信した自然を押さえ込むような人手の加え方は反省しなければならない。

熊沢蕃山は言う。「日本の水土には，それに適した事業の理念があるべきであり，またそれに応じた事業が行われなければならない」と（同前：171）。これはまさに今の日本の森林管理に求められている課題である。武田信玄が築いた信玄堤や加藤清正の治水工事は，川の流れをよく観察して，洪水時の水の勢いを減少させる仕組みを幾重にも構築している。もちろん自然に溶け込む施設であるが，現在のコンクリートによる堤防よりも効果的であるとも言われている。このように自然をよく見た取り組みが日本の至る所で行われてきたと考えられる。

地球温暖化の影響もあり，近年，雨の降り方が変わり，線状降水帯といわれる集中豪雨による水害や土砂災害が毎年のごとく日本の各地を襲い，甚大な人的物的被害をもたらしている。1年間分の雨が1日で降ることもあり，まさにバケツをひっくり返すような豪雨が何時間も続く。これだけ降られればいくら手入れした森林であっても，天然林であっても山腹崩壊を止めることができない。また，ダムと堤防というコンクリート構造物であっても支流まで一斉に溢れ出す水量に持ちこたえることはできない。被害を受けた場所の中には，過去にも被害を受けた履歴のある場所もある。日本はこれまでも自然災害をたびたび受けてきており，被害を受けやすい場所には注意を促すための地名をつけることで，被害の履歴を後世に残してきた。例えば，蛇や谷のつく地名，久保は窪地，梅は埋立地，新田は造成地を表していた。しかし，町名改正によりこれらの古い地名は失われている。すなわち，私たちはその土地の過去の大事な履歴を捨ててしまっていることになる。また，扇状地は山から土が押し出されてできた地形であるため，昔は人が住まなかった土地である。現在は都市の過密化によって，人が住むことを避けていたこれらの土地にも住宅を建てざるをえなくなっていることも確かである。私たちは，コンクリートで固められた環境を過信して，自然への注意を失い，危険な場所とは知らずに暮らしているのかもしれない。

桑子敏雄は「空間の意味を認識し，その構造を理解し，履歴を把握したうえで，その空間にどういう態度をとるか。それが空間への対応である」と述べている（同前：194）。日本はこのような対応を歴史的に積み重ねてきたため，熊沢蕃山いわく「日本が世界のなかですぐれているということは，国土が霊的であり，人心がものごとによく通じて明るいから」（同前：138）という共生社会が保たれてきた。

桑子は「長い歴史的経緯を含む空間は，密度の濃い空間であろうし，そのような履歴の疎な空間は密度の薄い空間といえるであろう」（同前：196）とし，このような自然の履歴を尊重して，「環境倫理には，人間の空間的，時間的条件が含まれなければならない」としている（同前：106）。明治の近代化はこのような先人たちの履歴を捨て去り，自然や風土をよく認識しないままに，技術力に頼った画一的な対応を取ってきたわけであるが，今こそ先人たちの履歴を見直し，自然と向き合った柔軟で個別的な対応が私たちに求められている。

4 時間の意義

現代社会は「待つ」ことを嫌う。情報化が進む中で，現代人は時間に追われた生活になり，ゆとりを失っている。その生活を支えるために，交通機関は過密ダイヤの定時運転を最優先の乗客サービスとしており，ときに安全運行が後回しにされかねない。インターネットで発注すれば翌日には希望の商品が届き，ファーストフードでは1分以内に客のオーダーに応える。現代社会では，客を待たせることがタブーとなり，現代人は待たされることに苛立ちさえ感じている。このような1分1秒を争ってサービスを提供するためには，大量のストックが用意され，売れない商品は大量に廃棄される。この大量生産，大量消費，大量廃棄の悪循環は，主に先進国の社会に蔓延しており，それが地球規模の資源問題と環境問題に拍車をかけ，多くの開発途上国に貧困と飢餓のしわ寄せを与えることになる。

日本はいつから「待つ」ことを忘れてしまったのであろうか。明治初期に来日した外国人たちは，街中も田舎も清潔で綺麗であり，ゆったりとした時間が流れ，人々は貧しくてもゆとりを持った生活をしていることに感銘を受けたと伝えている。元来，農耕民族である日本では，季節の中で農作物を育てるため，待つことの大事さがわかっていた。米作りを例にすると，春先に田起こしを行い，苗床で稲の苗を育て，春に田に水を張って，田植えを行い，夏は除草と殺虫剤撒きを行い，秋に収穫する。田植えをしてから半年近く待って，やっと米の収穫ができる。もちろんただ待っているだけではなく，本章1節に紹介したように天候の変化と稲の育ち具合を毎日観察して，自然との共生の中で適切な時期に必要な手入れを行ってきた。稲だけに限らず，農作物は野菜にしても果物にしても数ヶ月待たなければ収穫はできない。

農作物は1年で成果が得られるが，木材の生産となると待つ時間が数十年から100年以上になる。苗木を育てて，伐採後に地拵えを行った林地に春になると植え付ける。植栽後の5～7年は他の植生に負けないように年に1・2回の下刈りを行い，その後は，除伐や間伐などの本数を減らして残りの木を育てる手入れを行う。他にも，森林によっては，高品質の木材を生産するための枝打ちや，風害や雪害で倒れた若木の木起こしなども必要となる。これらの手入れを続けながら，柱材に合った太さの木を育てるのに30年以上，板を取ることができる大きさの木を育てるのに50年以上待つことになる。中には大径木を育てるために，100年以上，200年あるいは300年まで待つ場合もある。木材生産の場合は，待っていても，自分の一生の間に成果が得られないこともしばしばである。世代を超えて待つことにより，木を育てていくという気の長い仕事となる。

今道は，自然こそ，待つ姿勢に貫かれており，自然は待たなければならないとし，時間性を強調するとは，自然の「待つ姿勢」をまねることになると述べている。さらに，われわれはここで初めて，「自分が自然である」ということを改めて考え直し，自然とは本来，成熟を待つ存在，時が熟するのを待つ存在である，ということを意識しなければならないと主張している（今道 1990）。

5 日本の自然思想のまとめ

日本の自然思想は，自然との共生，グローバルとローカルの習合，空間の履歴に集約されると考えられる。しかしながら，これらの日本の特色は明治時代以降の近代化政策で否定され，第二次世界大戦後のエネルギー革命と経済発展の中でいずれも日本人から失われていった。

その原因は自然と密接にかかわりあっていた日本人の生活が自然から切り離されたことにある。エネルギー革命後は生活に必要な燃料を森林に頼る必要がなくなり，農業も化学肥料や農薬の普及により自然の変化をそれほど気にしなくても高い収穫を得ることができるようになってきた。また，都会のアスファルト化と高層ビル化は，都市住民から身近な自然を物理的に奪い，高度情報社会の進展にともなう仕事量の増加は自然に一体化するという心を持つ時間的ゆとりをも奪っている。いわゆる鬼頭の言う「切り身」の関係になっており，自分の生活と関係がなくなった自然には興味がなくなり，小坂の指摘する「自分が接する極めて狭い範囲の自然に対する愛着」(小坂 2003：216) が失われている。

それと同時に自然との共生の中で培われてきた空間の履歴も，時代遅れの不必要なものとして簡単に捨て去られることになる。その結果，現代の日本人は今という時間の中の自分のことしか見えなくなってしまっている。このことは，社会の中で生きる自分という責任や道徳が希薄になっていることであり，自分の存在（ローカル）と周りの世界（グローバル）の共存という習合思想も日本人から失われている。日本の環境問題を解決するためには，近代化の中で日本人が失ってきた特有の自然思想を見直し，日本人のアイデンティティーを再確認することから始める必要がある。

森林管理に話を戻すと，第1章で述べた第二次世界大戦後の森林観のめまぐるしい変化はまさに，自然との共生社会の崩壊により空間の履歴が破棄され，グローバルな観点を持つ習合思想が見失われてきた結果である。自然との共生を行っていた時代に私たちの生活レベルを戻すことは無理であるので，現代の生活の中でどのようにして自然との共生，習合思想，空間の履歴を取り戻すかということに英知を絞っていく必要がある。

◉——もっと詳しく日本の自然思想について知りたい方にお勧めの本

桑子敏雄　1999『環境の哲学』講談社
鬼頭秀一　1996『自然保護を問いなおす——環境倫理とネットワーク』筑摩書房

◉——参考文献

今道友信　1990『生圏倫理学入門エコエティカ』講談社
鬼頭秀一　1996『自然保護を問いなおす——環境倫理とネットワーク』筑摩書房
小坂国継　2003『環境倫理学ノート』ミネルヴァ書房
桑子敏雄　1999『環境の哲学』講談社
守山弘　1988『自然を守るとはどういうことか』農山漁村文化協会
渋澤寿一　2003「千年持続基盤としての生態系」資源協会『千年持続社会——共生・循環型文明社会の創造』日本地域社会研究所
筒井迪夫　1995『森林文化への道』朝日新聞社
山内廣隆　2003『現代社会の倫理を考える11　環境の倫理学』丸善

第４章　環境倫理の新たな動き

1 東洋思想の影響

近代の技術の発展は，西洋の人間中心主義の思想に先導されてきたといっても過言ではない。この思想は，「自然は人間のためにあるのだから人間は思いのままにこれを利用することができる」（間瀬 1998：175）という強力な西欧の伝統の中で育まれてきた。その精神的背景には，キリスト教の存在がある。旧約聖書の創世記第1章第28節には，全能の神が全世界を5日で創り，人間を創った後，「神はかれらを祝福して言われた『生めよ，ふえよ，地に満ちよ，地を従わせよ。また海の魚と，空の鳥と，地に動くすべての生き物とを納めよ』」とある。この聖書の言葉を「人間は自然の支配者」として神から認められたと解釈し，無尽蔵にあると信じていた自然を開拓し，資源を収奪して，科学技術を発展させてきた。イギリスで産業革命が起こり，蒸気機関の発明に始まり，飛行機，内燃機関，電気機関，ならびに原子力利用へと急速に進化し続け，科学技術は20世紀にかけて飛躍的な進歩を見せた。

しかしながら，20世紀に入り自然は無尽蔵ではないことが分かり始め，大量生産・大量消費・大量廃棄による廃棄物の増加，二酸化炭素などの温室効果ガスの排出による地球温暖化，再生不可能な核廃棄物のようなエントロピーの増加により，人類の福祉と幸福のためにと考えられていた科学技術の進歩が，自然を破壊し，地球環境を悪化させることになり，必ずしも良いことばかりではないことが明らかになってきた。

科学技術の進歩をさらに進める人間中心主義について，環境倫理学者からは多くの批判が出されてきた。人間は自然の一部であり，自然全体の中では他の生物に対して特権的な位置を占めているわけではないと旧約聖書の解釈に異を唱え，ものすごいスピードで生物種が滅びつつあり，このような人間の行為には明らかに何か倫理的な間違いがあるとしている。人間の利益中心の環境保護には限界がある。なぜなら，私たちが大事にしている諸々の価値を比較考量するかぎり，環境保護を優先させることは極めて難しく，それゆえに環境保護は先送りされざるをえないからであると批判している。

このような批判を受けて，西洋社会では聖書の解釈に変化が現れ始めた。先ほどの旧約聖書創世記第1章第28節を「人間は自然の支配者」であるとしていたが，この解釈が間違っていると認め始めた。実は，「人間は他の被造物と共に生きる存在（共生）として，連帯と管理を委ねられた〈信託者〉＝神のスチュワードだったのだ」（間瀬 1998：177）いう解釈に変わってきた。したがって，信託者は常に自然との共生を第一に考えながら，人間中心主義で好き勝手に自然から資源を収奪したり，環境を破壊したりしてはいけないことになる。この西洋社会のバックボーンである聖書の解釈が変わることにより，人間中心主義と私たちの生活は大きな影響を受けることになる。

これに相前後して，一元的価値観に限界を感じ始めていた西洋社会では，多元的価値観を有する東洋思想に興味が持たれ，環境倫理の面でも影響を受け始める。多様性の中で生まれた東洋思想には，万物に霊魂が宿ると信じるアニミズム（万物霊魂論）が元来あり，そこから神が自然の中に内在すると信じるパン・セイズム（汎神論）が生じた。すべてを超越する神を信じるモノ・セイズム（一神論）の西洋思想は，この東洋思想のパン・セイズムの影響を受けて，超越（モノ・セイズム）にして内在（パン・セイズム）する神（反対に，内在にして超越する神）とするパン・エン・セイズム（汎在神論）が生まれる（間瀬 1998：184，186）。パン・エン・セイズムは，宗教とエコロジーを結びつけるものであり，西洋思想に多元的価値観を導入すると期待される。すなわち，モノ・セイズムでは生態系中心主義と人間中心主義のような二元対立論が避けられないが，パン・エン・セイズムではその多元的価値観で環境問題の解決が期待される。

2 環境プラグマティズム

環境倫理は人間中心主義が「生き残るべきなのは人間で，その生存を保障する道具としての他の生物を維持していくのが環境保護である」（徳永 2003：143）というように道具的価値だけですべてを評価し，結果的に生態系を破壊する原因になると批判してきた。しかし，先述したとおり環境倫理自体が根本的なところに潜む人間中心主義を払拭できないという批判があるとともに，人間中心主義が本当に生態系を破壊するのかという疑問が起き始めた。一方では，日本や開発途上国においては，環境倫理の意識改革という精神論だけでは現実的な解決は望めず，人間中心主義の権化であるとして意識的に遠ざけてきた経済活動に環境倫理は真正面から取り組むことが求められる。

このような中で現実問題への環境倫理学の貢献の可能性を改めて問い直す試みが，プラグマティズム（実用主義）の哲学的伝統のあるアメリカの研究者たちを中心に，1990年代から起こり始めた。この流れが環境プラグマティズムと呼ばれ，「何よりも現実主義の精神を受け継ぎ，（中略）理論よりも実践を，抽象的な次元での議論の決着よりも現実の問題解決や民主的な合意形成を優先させる」（白水 2004：160）。

環境プラグマティズムは，生態系中心主義の根拠となっている自然の内在的価値を否定する。「ノートンらは，内在的価値を唯一の根拠として保全の正当化を企てるキャリコットらの一元論を綿密に検討する。その上で，一元論が抱える難点をていねいに洗い出し，論理の破綻を指摘し，最終的に価値の競争あるいは統合を通じてのそのつどの合意形成が必要である」と説いている（越門 2008：266）。すなわち，「自然の価値や価値の可能性は，あまりにも多様だから，単一の価値論では説明できない」（丸山 2005：35）と道徳多元論を主張しており，「人々は非常に異なった理由から自然に価値を見出しているのだから，道徳的配慮を自然にまで向けるよう人々を動機づける環境倫理は，単一の価値論によって基礎づけられるよりももっとずっと広範な価値の直観に訴えなければならないだろう」と論じる（丸山 2005：35）。

人間と自然のかかわりあいは，必ずしも経済的利益や道具的価値だけのかかわりではない。日常の生活を通して，自然から恵みを得たり，自然に畏れを抱いたり，自然の中で癒されたりなど，多様なかかわりを通して，自然をとらえている。このことは，ノートンが「内在的価値，道具的価値，あるいはそれ以外の価値を含め，あらゆる価値を生態系の評価基準として認める」（越門 2008：268）という多元的道徳論を示していることと合致している（松永 2008）。それゆえ，環境プラグマティズムは，「人間中心主義が直ちに自然破壊を正当化するとは限らない」（丸山 2005：33）として自然対人間の二元対立論を否定し，「実際に問題なのは，きわめて短期的な経済的利益の観点からのみ自然の道具的価値を決定してしまうことであって，実は人間は非常に多様な仕方で自然を経験するし，自然の多様な価値を見出しているのである」（丸山 2005：33）という観点をとる。

このような道徳的多元論を武器とする環境プラグマティズムであるが，価値の統合はどのように行われるのであろうか。ある事業計画についていろんな立場の利害関係者が集まり，それぞれの立場で主義主張や要求を出しあいながら合意形成を進める過程を考えてもらいたい。事業者側はその利便性を訴え，それに対して自然保護側は環境への悪影響を訴えて，当初は両者の意見が平行線をたどることになる。しかし，メンバーの意見が一致する個々の課題から議論を進め，そこに科学的データが示されることにより，両者に妥協点を見出す努力が生まれ始める。出される結果は一元論になっているが，その結果を導き出したメンバーの主義主張は多元論のままである。「メンバーは何をなすべきかについては意見の一致を見たが，なぜそれをなさねばならないかについては意見の一致は見られなかった」（ジャルダン 2005：413）。すなわち，具体的な環境課題について価値観が異なるメンバーが集まっても，メンバー内の価値観の統一を図るのではなく，多様な価値観が共存したまま，課題を解決するという方向性に意見の一致を見出し，行動を起こしていくのが環境プラグマティズムの実践的な進め方となる。

さらにノートンは，プラグマティックなアプローチにおいて，人間と自然の相互作用の時間的・空間的なスケールの取り方によって，主題化される価値が変化することを指摘している。ノートンは時間のスケールを，0～5年，2000年まで，無限の時間の3つのレベルに区別した。0～5年のスケールでは個人的関心と経済的関心に基づく評価を行うが，2000年までのスケールでは共同体を単位とする関心に広がり，無限の時間のスケールになると人類の生存が主要な関心となるとしている。「この発想は，保全のあり方をめぐるさまざまな対立を，原理的に相容れない価値観の衝突ではなく，基準とするスケールの相違としてとらえ，対立の解消を図るものである」(越門 2008：270)。「ノートンは環境倫理の探求の過程で，結局私たち皆が支持できる原理は『持続可能性原理』において他にはないだろうと主張する」(丸山 2005：35) が，どの程度の持続を目指すのかについての合意を確立していく必要がある。

3 保存か？　保全か？

生態系中心主義は，自然に内在的価値を見出すため，人間が手をつけずに自然を保存（preservation）することを主張する。一方，人間中心主義は，自然に多様な道具的価値を見出すため，自然を破壊しないように共生しながら，自然を利用する保全（conservation）を主張する。この保存と保全の争い，すなわち生態系中心主義と人間中心主義の争いは，20世紀初頭のピンショーとミューアの自然保護論争から始まるとされている。ここでは，ピンショーとミューアの自然保護論争と日本の白神ブナ林の世界遺産地域管理計画をめぐる論争から，保存と保全について概観する。

アメリカのヨセミテ国立公園内のヘッチーヘッチー渓谷にダムの建設計画が持ち上がったのは1908年のことであった。このダムの建設は，飲料水に悩む下流のサンフランシスコ市に水を供給することが目的であったが，ヨセミテ国立公園内に計画されたことが問題であった。この計画に対して，ジョン・ミューアら自然保護派は反対運動を起こした。ミューアは「渓谷は神が建て給うた大聖堂のひとつであり，ダムの提案者たちは神殿破壊者である」として，渓谷に人手を加えず保存することを主張する（須藤 1998：150）。一方，ルーズベルト大統領の下で森林行政に手腕を発揮していたギフォード・ピンショーは「自然は基本的に人間の役に立てるべきであり，人間が有効に利用し続けるために自然保護を強化するべきだ」という考えの持ち主であり（谷本 2002：228），ダムの建設計画をサンフランシスコのより多くの人々のためのより多くの利益になるとして推奨する立場を取った。この2人の論争は，全米を二分する保存と保全の論争に発展した。5年間の大論争の末，ピンショーらの保全派が優位になり，1913年にオショーネシーダムの建設が決定され，1923年に竣工してサンフランシスコ市の水源となった。しかし，この論争の後は，アメリカの国立公園内にダムは建設されていない（須藤 1998：151）。このことから，ミューアらの保存派の主張は，全米からかなり支持されていたと考えられる。

日本の例として，白神山地世界遺産地域管理計画をめぐる論争を振り返ってみよう。1950年代後半から白神山地の広大なブナ林を二分するように青森から秋田に抜ける青秋林道が計画された。その目的は，地域の土木業の振興，ブナ林の資源や鉱物資源の開発，観光開発にあり，1982年から開設工事が始まった。これに対して秋田県側では白神山地のブナ原生林を守る会が，青森県側では青秋林道に反対する連絡協議会がそれぞれ反対運動を起こした。その後，白神山地内でクマゲラの生息が確認されたことから，1985年に学識経験者を入れた白神山地森林施業総合調査が実施された。調査結果は，白神山地のブナ林は原生林ではない上に，老齢過熟林分と退行遷移が認められるというものであった。活性化したブナ林に仕立てるためには，積極的に人為を加える必要があるとし，青秋林道の建設を前提としてブナ林を4つにゾーニングするプランを提案した（ブナ等保全林，自然観察教育林，ブナ施業林，既施業地）。ゴーサインが出された青秋林道であるが，路線の一部が水源涵養保安林を通過するため，環境庁に保安林解除の申請を行わなければならない。保安林解除は，申請後30日以内に直接の利害関係者から異議申立てがなければ，認められて工事が着工されることになる。自然保護団体の活動の結果，青森県と秋田県の両県から1万3202通の異議意見書が青森県庁に提出され，1987年に青秋林道の建設は凍結された。林野庁は1989年に白神山地のブナ林全体（1万6971ha）を森林生態系保護地域に指定し，保存地区（コア）と保全利用地区（バッファ）を設定した（大谷 1987）。その後，1993年にユネスコ世界自然遺産に登録された。その理由は，ブナ林の純度の高さ，優れた原生状態の保存，動植物種の多様性であった。

世界自然遺産に指定されたことにより，1995年に白神山地世界遺産地域管理計画が策定された。世界自然遺産地域は，特にすぐれた自然環境でほとんど人間が手を加えていない核心地域（コアゾーン）の1万139ha，ならびに核心地域の周辺部の緩衝帯としての役割を果たす緩衝地域（バッファゾーン）の6832haに区分される。管理計画では，核心地域は人手を加えずに自然の推移に委ねることを基本とし，工作物の新築や土石の採取など，自然環境上支障を及ぼす恐れのある行為は，学術研究など特別の事由がある場合を除き，各種保全制度に基づき厳正に規制される。この核心地域を保存する計画について，秋田県側と青森県側で意見の対立が現れた。秋田県側は，青秋林道問題以前にブナ林の開発が進んでおり，森林破壊に対する危機感があるとともに，白神ブナ林と生活が離れて距離感があったため，保存主義的な管理計画に賛成した。一方，青森県側は，古くから慣習的に共有地としてブナ林を利用しており，特に意識保全の意識がないままに，持続可能な形でのブナ林の利用を行ってきたので，管理計画に反対し，これまでどおりの保全利用ができるように修正することを求めた。1万3202通の異議意見書のうちの多くは青森県側が集めたものであり，白神山地にかかわり（生業）ながら自然を守ろうと林道建設に反対してきた。その結果，白神ブナ林は守られたが，世界自然遺産に登録されたために，彼らは核心地域から締め出され，生業も奪われることなった。そのため，白神山地世界遺産地域管理計画の見直しを要請する署名運動が起こり，1998年に3万通を超える署名が集められた。その要請の中心は，地元生活者の林産物採取の自由を回復することにあり，核心地域の保全利用を認めるようにという要求である（武藤 1996）。多くの議論の末，2013年に管理計画は改訂されるが，核心地域は保存主義が厳守された。すなわち，地元生活者の狩猟や魚釣りについては原則禁止となった。

鬼頭は，自然に依存した生活がなされ伝統的文化が存在し，人々が日常生活の中で自然を大切に利用している（保全）のであれば，それに委ねる方が良いとしている。一方，自然とのかかわりがレジャーのように非日常的なかかわりだけになれば，自然保護団体や公的な管理による自然保護が必要で，その場合には保存主義的管理を強めざるをえないとしている（鬼頭 1996）。鬼頭の保全と保存の定義から考えると，青森県側は前者に，秋田県側は後者に分類される。環境プラグマティズムの考え方では，核心地域の内在的価値はこの際考慮せずに，青森県側は保全，秋田県側は保存に核心地域を分けて，世界自然遺産地域を管理することが，地元住民との軋轢を少なくする現実的な解決策であるということになる。しかしながら，ひとつの世界自然遺産地域を2つに分けて異なる管理計画を行うことは，核心地域を分断することになり，貴重な生態系が劣化してゆく危険性がある。その理由としては，核心地域の保全利用を地元住民だけに認めるとしても，厳密な監視が行えず，保全利用のルールも時間が経つにつれてルーズになっていくことが考えられるからである。貴重な生態系を保護するためには，やはり世界自然遺産地域の核心地域は一体として保存することが最善策であるという決断になると考えられる。

◉——もっと詳しく環境プラグマティズムについて知りたい方にお勧めの本

鬼頭秀一　1996『自然保護を問いなおす——環境倫理とネットワーク』筑摩書房
丸山徳次編　2004『岩波応用倫理学講義　2　環境』岩波書店

◉——参考文献

越門勝彦　2008「生物多様性の価値を組み立てる——環境プラグマティズムと保全生態学の融合がもたらす価値論の新しいかたち」松永澄夫編『環境　文化と政策』東信堂
ジョゼフ・R・デ・ジャルダン　2005『環境倫理学——環境哲学入門』新田功・生方卓・蔵本忍・大森正之訳，人間の科学社
鬼頭秀一　1996『自然保護を問いなおす——環境倫理とネットワーク』筑摩書房
丸山徳次　2005「人間中心主義と人間非中心主義との不毛な対立」加藤尚武編『環境と倫理　新版』有斐閣
間瀬啓允　1998「自然保護は何をめざすのか」加藤尚武編『環境と倫理』有斐閣
武藤卓史　1996「森林生態系保護と林業の共存——白神山地世界遺産地域の保護に取り組む」『林経協月報』416：40-45
大谷健　1987「知床——経済と自然保護の拠点」『林業経済』468：7-16
白水士郎　2004「環境プラグマティズムと新たな環境倫理学の使命——「自然の権利」と「里山」の再解釈に向けて」丸山徳次編『岩波応用倫理学講義2　環境』岩波書店，160–179頁
須藤自由児　1998「自然保護は何をめざすのか」加藤編，前掲書
徳永哲也　2003『はじめて学ぶ生命・環境倫理』ナカニシヤ出版

第５章　SDGs時代の森林管理の７つの理念

生態系中心主義を唱える環境倫理は,「生態系を健全に保つ」ことを大命題にしており, 森林管理を進める上で中枢になる理念のよりどころになっていると考えられる。しかし, 原生自然を理想とし人間非中心主義の立場を取る環境倫理をユニバーサルな理念として全面的に受け入れることはできない。なぜなら, 原生自然がなく人間のかかわりの履歴を大なり小なり有する森林ばかりの我が国においては, 人間中心主義を否定していては森林管理が成り立たないからである。この立場で基本的には環境プラグマティズムの動きに賛同するものである。

そこで, 人間中心主義による自然との共生を行ってきた日本の自然思想を見直し, 森林管理に取り入れることで, 私論としての森林管理の理念を整理してみた。端的にいうと,「生態系を健全に保つ」という環境倫理の大命題を世界共通のグローバルな理念とし, 個別の森林というローカルな立場には「自然との共生」「空間の履歴」「時空間的な習合思想」という日本の自然思想の特色を生かす。すなわち, グローバルな環境倫理とローカルな日本の自然思想の習合で

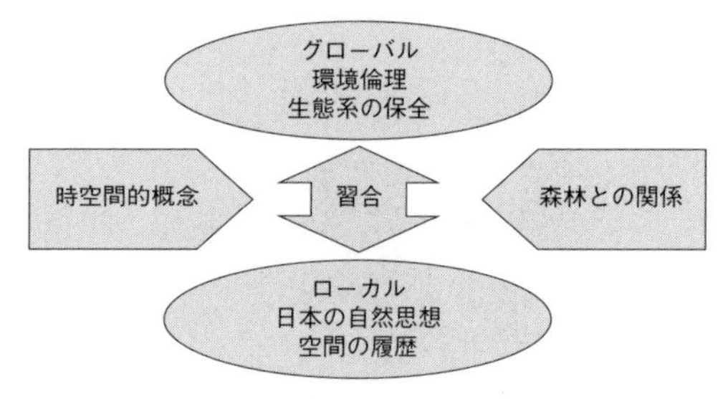

図5-1　森林管理の理念の概念図

構成する。これに時空間的概念と森林との関係の要素を加えて（図5-1），以下に7つの森林管理の理念を提案する。

1　森林を健全に維持する
2　森林を次代に受け継ぐ
3　生物多様性を面域で維持する
4　空間の履歴を尊重する
5　持続困難な履歴はその継続を見直す
6　森林と「生身」のかかわりを持つ
7　森林に愛情を持つ

1 森林を健全に維持する

環境倫理に指摘されるまでもなく，その台頭前の19世紀から，林業あるいは林学は森林を健全に維持することを大命題としてきた。彼らの根底にはJ・W・ゲーテ（1749～1832）の「自然は常に正しい。もし誤るとすれば，それは人間が間違えたからである」という思想が息づいている（筒井 1995：29）。

ゲーテと親交のあったハインリッヒ・コッタ（1763～1844）は，「森づくりは半ば科学であり半ば芸術である」（同前：32）とし，「森林の自然としての性質や機能を破壊しないためには，自然の摂理と調和した森林経営を行うことである」（同前：31）と述べ，生態系という概念がまだ現れる以前に，木材生産だけではなく森林全体を自然との調和の中で管理していくことの重要性を説いている。

コッタの弟子にあたるハインリッヒ・ザリッシュ（1846～1923）は，コッタの考えを「美しい森林は最も利用価値の高い森林である」（同前：33）という森林美学に展開した。美しい森林はすなわち健全な森林であり，健全な森林は木材生産のみならず多様な恵みをもたらすという考え方である。その理由として以下の4つをザリッシュは挙げている（同前：34)。

① 美しい森林づくりを心がければ経営上の誤りを防ぐことができる。
② 林業技術者にとって管理する林区が美しいことは職務上の喜びを得られる。
③ 美しい森林は人間の心に豊かさと潤いを与える。
④ 都市近郊の美しい森林は人間に住みよい環境を与える。

ザリッシュは天然林だけではなく人工林にも森林美学を適用し，森林管理のために林内に作られる作業道や歩道にも合目的な美を見出している。筒井いわく「ザリッシュは，人間が意識的につくり出す森林美は，樹木や森林に対する正確な科学的知識とその合理的な組合せ，配列，造形などによって定められるとし，それには自然の摂理に反しないことが基礎であるとしている」（同前：34）として，生態学などの科学的知見に基づいた人工林の管理を説いている。

アルフレート・メーラー（1860～1922）は，森林有機体説を唱えて恒続林思想を提唱した。森林有機体説とは，「森林とは，多種多様な生物が集まってつくられているひとつの有機的な社会である」（同前：43）とするものである。すなわち「森林は樹木なくしては考えられないが，しかし森林には樹木のほかに草，コケ，菌類もあれば鳥も虫もいる。大動物から微少な動物まで無数にいる。細菌もいれば微生物もいる。この多種多様な生物がもつそれぞれの力が作用しあってひとつの調和した全体（有機体）をつくっているとするのである」（同前：43），まさに森林生態学そのものである。レオポルドの提唱する生命共同体には土地も入るが，彼が土地倫理を提唱する以前にこのような生態学的な考え方がドイツの林学者の中で創り上げられていた。

森林有機体説では，「森林内に働く全ての力の調和の中に生産の謎があるから，木を全部伐ってしまう皆伐はその森林の有機体を破壊する」（同前：43）として，皆伐を否定している。「木材は森林の果実として収穫されなければならない。しかし，森林は持続しなければならない」（メーラー 1984：66）として単木択伐を勧めている。

メーラーはザリッシュと同様に健全な森林が木材生産の収穫をもたらすとい

う考えを踏襲しており，「造林に利用される林地のすべてにおいて，できるだけ完全で，かつ，あらゆる部分が健全な森林有機体の存在することが，当該林地での，可能な限り高い木材価値生産のための根本条件である」としている（同前：66）。

また，「森林はいつまでも自然の状態のまま生産を続ける『恒続林』が本来の姿なのだ」（筒井 1995：43）として，混交林，異齢林，さらに地元で採取した種による人工植栽を推奨している。理想的には単木複層林施業を目指しているようだが，「恒続林は異齢的でなければならないが，同一林地に全齢級が存在する必要はない」としている（メーラー 1984：124）。

恒続林を管理する者は，常に森林を巡視し，よく1本1本の木の状態を観察して，適切な時期に適切な手入れをすることが望まれる。メーラーは「どう育てられたいかは，木に尋ねよ。木はこのことについて，書物が教えるよりも，より多く君たちに教えてくれるであろう」（同前：168）と述べており，恒続林施業の成否は管理する技術者に負うところが大きいとして，以下の前提条件を挙げている（同前：116）。

① 作業担当者の愛林精神

② 造林上の諸問題に関する，良好な予備教育と実際的経験

③ 作業担当者が，他の業務に邪魔されず，全面的に森林保育に従事できる可能性

恒続林思想は森林生態系を重視した理想的な森林施業法を提示しているが，経営規模での実現が難しく，成功して持続している森林は少ない。しかし，理念としては素晴らしく，世界的にも広く知られているところである。

第2章でまとめたように，環境倫理からは「森林利用との調和の中で，森林生態系の健全な機能をいかに維持するかが大命題」という理念を示唆された。これは端的に表現すると「木は伐っても，森を伐るな」ということであり，生態系そのものである森林を皆伐することを戒めていることに他ならず，メーラーの恒続林思想に合致した理念である。

ドイツ林学の先人たちの理念が，明治以降の日本の林政に輸入され，曲がりなりにも林学者はそれを理解し，林業の現場に行き渡らせようと努めてきた。筒井は「自然を荒らさないで生産を続けることは，山で暮らす人々の古くから

の考え方であった」(筒井 1995：72) とし，「林業は木を伐ることだけを考え，自然保護の敵だという意見があるがそれは間違いで，林学の本質は自然保護の学問であり，自然を守り，自然を荒らさないで，自然の富を最大限に取り出す技術，仕組み，手法を探求する学問であり，林業はそれを実践する人間の営みである」と述べている (同前：72)。

いみじくも森林・林業に携わる人間は誰しも，経済性を追求するあまり木材資源を枯渇させ，生態系としての森林を荒廃させるような管理を望んでいない。このことを哲学者の山内廣隆は，「森林管理は基本的に農業経営とは異なっている。農業経営においては，土地の効用は『商品生産能力』にあると考えられており，そこでは土地が経済的にしか評価されない。それに対して，森林管理は土地を『生物相』とみなし，その効用をより広範な範囲で考える」と評価している (山内 2003：103)。

また，鬼頭秀一は「時間的，空間的に，多様な文化を保証するものとしての，母体となる自然環境の生物多様性の保持は重要な課題であろう。母体としての自然環境の豊かさ，多様性が，時間的，空間的に多様に展開する『文化』の永続的な発展のためには必要なのである」と述べており (鬼頭 1996：170)，ここから多様な生物相によって形成される森林生態系を健全に保つことの環境倫理的な意義が示唆される。

このように林学の歴史の中に培われ，林業の本質であるとともに，環境倫理にも合致する理念として，「森林生態系を重視し，森林を健全に保つ」ことを森林管理の理念として第一番に挙げることに，大方の異論はないものと思われる。

2 森林を次代に受け継ぐ

歴史を振り返ってみても，森林を失った文明は滅びてきた。生活に不可欠であった薪炭材や建築用材としての木材を生産する場としての道具的価値が始めに認識されたことであろうが，その使いすぎが木材資源の枯渇をもたらし，人間の生活が続けられなくなったということである。

このような木材資源は当然のことながら経済的価値を持つことになり，資産として森林を子孫に残していくという思いが，森林を持続的に管理するモチベーションになっていることは否めない。祖父が植えた木を伐り，父が植えた木を育て，そして自分の孫のために木を植えるということが，日本の私有林では続けられてきた。

森林経営者の山本總助は，「育林というものは，自分のためにカネにはならなくとも，後継ぎを作って，次代に引き継いでいかなければならない」（全林協 1981：221）といい，自分が生きている間には収穫できない森林を作り育てる使命を示している。

しかし，森林は経済的価値のみではなく，その公益的な機能に大きな影響力を持っている。森林を失ってみて，気候が変化し，水が供給されなくなり，砂漠化がどんどん進行することに初めて気がつくことになる。

また，経済的価値も道具的価値も見出せないものがほとんどである多様な生物相が森林の崩壊とともに失われることの影響は計り知れない。スウェーデン全国林業委員会の発行した森林所有者向けの啓蒙書『豊かな森へ　日本語版』の背表紙には次の言葉が記されている（スウェーデン全国林業委員会 1997）。

森を持つということは
スウェーデンの国土の一部を持つという特権なのです
それには責任を伴います
森の持ち主は，自分のためだけではなく
他のすべての人々のために
「豊かな森」を作り続けなければなりません
いついつまでも
収入と楽しみを産み続け
動物にも植物にも素晴らしい環境を
与え続けるような
そんな森を

すなわち，森林を管理するということは，資源や資産としての経済的価値の保続だけではなく，森林の持つ公益性を維持することに大きな責任があるということである。

森林経営者にもこの公益性に関する責任を感じている方がたくさんおられる。例えば，大橋和子は「私の山林は狭義では私の財産ですが，広義には国とか地域のものを私がお預かりしているんです。その間大きく育てて，公益機能も十分に発揮できる健全な森林に造成する義務があります」と述べている（全林協 1981：60）。

このように森林を次代に受け継ぐという，環境倫理で言うところの世代間倫理は，林業の基本的な理念である。すなわち，森林を管理する上では，人間の寿命よりもはるかに長く生きる樹木を相手にする関係上，自分の生きている間には収穫が得られず，先祖が植えた森林から現在の収穫を得ているので，持続可能な森林管理は林業の本質である。

大橋和子は「林業経営というのは，長期の育林を相手にした事業だから，あまり近視眼的に物事を判断して，経営の基本姿勢が右往左往するようではいけない」と述べており（同前：60），森林を次代に受け継ぐ持続可能な森林管理のためにはしっかりとした森林管理の理念が必要であることを示唆している。

3 生物多様性を面域で維持する

これまでの2つの理念については，環境倫理を引き合いに出すまでもなく，大方の理解を得ることができるものと思われる。むしろなにを今さらというご批判を受けるほど，森林に関係する人間ならわきまえているべき当たり前のことであるかもしれない。

しかし，その常識のような理念が，林業の現場でなかなか実践されないのはなぜか。間伐遅れの森林，手入れ放棄の森林，伐採後に植林をしないで放置されている林地など，持続できない森林がなぜこんなに多く現れるのか。

先の2つの理念は確かにごもっともであり，正しいとはわかっていながらも，現場では実現することが困難であるという事情がある。例えば，メーラーの提唱する恒続林思想は森林生態面から見て確かに理想的であることは広く理解されていながら，集約的な森林管理と熟練した森林技術者を必要とするため，すべての森林に適用することは困難である。置戸道有林にある照査法試験林は，メーラーの恒続林思想を具現化したひとつのモデルであるが，その管理

写真5-1　置戸道有林の照査法試験林

に多大な労力を要するため，面積は100haほどにとどまっている（写真5-1）。

たとえ理想的な施業法であっても，流域のような広い面積の森林全体に適用することは現実的にとても厳しい。それゆえ，流域の森林の中に皆伐の人工林の部分もあれば，天然林のまま手をつけない部分もあり，機械による列状間伐を行うところもあれば，条件の良いところで複層林施業を行うところもあるというように，流域の森林管理に多様性が生じてくることになる。

また，私有林の場合は所有面積が小さく，より細かく分割され，しかも所有者の意向による森林管理が行われるため，この所有の違いがトータルとしての流域の生態系の維持を難しくしている。

この問題を解決するために，ひとつの森林だけを見れば，生物多様性の面で貧弱な人工林であるかもしれないが，生物多様性の豊富な他の森林との組合せにより，流域の森林として全体的な生物多様性を確保するという考え方ができる。この考え方はランドスケープ・マネジメントの中で出されており，中村は「森林管理そして施業技術として今後目指すべき方向は，資源収穫による負の最小化を，林分単位ならびに林分配置によって，集水域・ランドスケープレベルでいかに実現するかということに収斂できる」と述べている（中村 2004：6）。

全体をメーラーの提唱する恒続林にできない限り，現実的な代替案として生物多様性を面域で維持するこの考え方を第3の理念として提案する。また，この理念は面域での生物多様性の低下を避けるために，見渡す限り広がるスギやヒノキの人工林（写真5-2）のようなモノカルチャーを否定する。

この理念は，様々な施業が行われる森林が空間的にも時間的にもモザイク状に配置されることで，面域としての生物多様性を維持し，総体としての森林を健全に保つことを目的としている（写真5-3）。むしろ人がかかわった自然が面

写真5-2　高知県のスギ人工林

写真5-3　宮崎県の私有林のモザイク配置

域の中に介在することで，面域の生物多様性が天然林のみのときよりも豊富になる。たとえ森林生態面から理想的な森林であっても，大面積に一面に広がっていては，生活できない野生動物や植物が存在するのである。

この理念は生物多様性の維持というグローバルな環境倫理を個別の森林管理というローカルな実行における多様な集合により面域での実現を図るという観点で，環境倫理と森林管理の習合，すなわちグローバルとローカルの習合に相当する。このグローバルな生物多様性を維持するためには，空間としての習合と時間としての習合が求められる。空間としての習合は先述した森林のモザイク配置のことに他ならず，時間としての習合は1サイクル（伐期）での多様性の維持を示す。すなわち今というローカルな時間では，個々の森林は更新から生育途中の生物多様性の乏しい状態にあるかもしれないが，1サイクルというグローバルな長い時間の中で生物多様性が維持されるという習合である。

4 空間の履歴を尊重する

理想的な森林管理は面域の中に多様な施業法の森林が時空間的なモザイク状に混在することになるが，環境倫理の視点からは原生的な自然としての天然林のみが倫理対象になる。天然林は当然大切にすべき存在であり，モノカルチャーな人工林への林種転換，すなわち拡大造林を今後安易に行うべきではないと考える。

それでは，木材生産という経済性を目的として造られ，生物多様性に乏しく，人間中心主義の権化のような人工林は，果たして倫理対象にはなりえないのであろうか。確かに戦後の拡大造林で造成された人工林の中には，その経済的な目的を見失うと同時に手入れ遅れや放棄により荒廃しているものが目につき，とても健全な森林の状態であるとはいえない。

しかしながら，このような状態をとらえて，すべての人工林を否定することは性急である。人工林の歴史は古く，有名林業地ではその形成過程と森林の施業法に人間の創意工夫と努力の歴史が積み上げられている。要するにどのような人工林にも，人間のかかわりの歴史，すなわち空間の履歴が存在する。ただし，空間の履歴は存在しても，必ずしも健全な森林であるとは限らず，また，人間のかかわりが現在では途絶えている人工林も存在する。

日本の森林は人工林に限らず天然林を含めたほとんどすべての森林に空間の履歴が存在し，それらの空間の履歴の豊かさと継続性は実に多様である。それゆえ，空間の履歴を無視して，森林管理を実行することは現実的ではないと考えられる。すなわち，空間の履歴に先人の知恵を学び，あるいは同じ過ちの轍を踏まないようにすることは，人間にとって合理的であるとともに，森林にとってもメリットのあることになる。その意味で，人手が加わった森林も天然林と同様に倫理対象として大切な存在である。

例えば，次のような人工林が空間の履歴を尊重されるべきである。吉野杉や東濃ヒノキなど銘木を生産する有名林業地は，確かに北山杉の人工林に見られるように生物多様性は劣る場合が多いが，高品質材の生産を目的として培ってきた人間の技術的な歴史があり，集約的な森林管理を行うことで林木の健全性を保っており，文化的な意味でも空間の履歴が尊重されるべきである。しかしながら，このような森林が流域全体に広がることは，時空間的なモザイク配置という面で生物多様性の維持ができず問題である。

持続可能な森林管理が行われている人工林は，森林が健全に管理されていることが前提条件となり，その適切な森林管理が過去・現在・未来を通して続けられるという点で，その空間の履歴は尊重される。特に，森林認証を受けている森林では，持続可能な森林管理のみならず生態系保護地域を残すことも義務づけられており，面域の生物多様性の維持を曲がりなりにも確保していることになる。

写真5-4　足助の間伐遅れヒノキ人工林

写真5-5　尾鷲の速水林業のヒノキ人工林

戦後の拡大造林で生まれた人工林であっても，持続可能な森林管理が行われているならば健全な森林に維持されているはずであり，天然林よりも生物多様性は乏しくても，独自の森林生態系を持続しているものとして，その空間の履歴が尊重されることになる。間伐遅れで下層植生がすっかりなくなり，表土も流出してしまったような人工林（写真5-4）は問題外であるが，人工林でも健全に管理をされている森林では，人手が加わることで新たな生態系が形成される。

確かに天然林に比べて人工林の生物多様性は少ないかもしれないが，人工林を利用する生物，人工林の環境の中を好む生物もあり，天然林とは異なる生物相を有することになる。尾鷲ヒノキで有名な速水林業では，間伐を繰り返して仕立てた高齢のヒノキ人工林は，天然林よりも生物種が多いという報告がある（写真5-5）。その生物種の多くは開けた光の多い林地を好むものであり，天然林とは種構成が異なるが，適切に管理された人工林では独自の生態系を有しており，これも人間の履歴を残すものとして農地や里山と同様に維持されるべきである。

最後に現在は生活とのつながりを失ってはいるが，ボランティアなどの市民による手入れが適切に行われている里山は，かつての自然と人間の共生モデルを現在に残し，独自の森林生態系を有しているものとして，やはり空間の履歴が尊重される。

空間の履歴を尊重する場合，先に述べた理念である森林生態系を尊重すること，言い換えれば森林が健全に維持されていること，未来に引き継ぐという持続性があること，そして面域での生物多様性が維持されていることという条件を同時に満たす必要があるということに注意を要する。

5 持続困難な履歴はその継続を見直す

空間の履歴が尊重されるのは，その森林が健全に管理され，持続可能であることが前提条件であると前節で述べた。いくら歴史的な履歴があろうとも，今後，森林を健全に保てない状況になった場合は，空間の履歴の継続を見直し，他の施業法への転換を考えるべきである。ここで切実な問題としてあがってくるのは，経済的な問題であろう。材価の低迷と人件費や物価の高騰で木を伐っても儲けがなく，再造林の資金も捻出できない。それゆえ，手入れ不足になり森林が荒廃し，林業の持続性も確保されない。

しかし，経済的な問題は短期的に変動する要因である上に，木材生産の利益だけで森林管理をするというこれまでの狭い認識ではなく，環境税や森林環境譲与税や排出権取引といった補助金以外の資金の導入を目指して，社会のための公益性をアッピールするなど，工夫次第で解決することが可能であると考えるが，詳しくは後の章で述べることとする。

ここで問題となるのは，以下の3つの場合が考えられる。

➢これからの社会システムの中で歴史的な木材利用が必要とされなくなる場合

➢文化的に残そうとする里山で森林管理が継続できない場合

➢生物多様性が面域の中で維持されない場合

有名林業地はその立地条件と植生条件から，市場のニーズに合わせた商品開発のための施業法を展開してきた。例えば，吉野杉は醤油や酒の醸造樽用として大径材仕立ての施業法を伝統的に行い，紀ノ川を舟で下り，製品を堺や大阪に出した。しかし，醸造用樽がステンレス化され，その需要を失った吉野杉は長伐期の高品質材としての販路を見出そうとしたが厳しい状況にある。

また，北山杉は京都の北西部に隣接し，京都の数寄屋建築や茶室の床柱需要に応えるために柱材生産に特化した施業法を行ってきた。しかし，軸組工法の和風建築から洋風の建築に社会の嗜好が変化するとともに，これらの高級材の需要が減少し，材価も下がりつつある。特に，最近は床の間を作らない住宅が増え，床柱の需要が激減し，江戸時代より続いてきた北山杉の伝統は危機に瀕している。

一部の高級材はこれからも生き残っていくことであろうが，有名林業地のブランドにあやかろうと高級材生産を目指していた2番手以降の林業地は方針を変える必要があろう。たとえ有名林業地であろうとも，社会の大きな変化により今後の需要が望めない状況になり，これまでの高級材生産流通システムが崩壊し，人工林を健全に維持できない場合は，森林管理の目標を変更することが求められる。

もうすでに本来の目標を失っているのが里山である。かつては自然と人間の共生社会として持続されてきた里山は，エネルギー革命や農耕の近代化により，棚田とそれを取り巻く里山の使命が失われるとともに，現代社会から忘れられてきた。しかし，私たちの原風景としての里山への郷愁と身近に接することのできる自然としての価値が見直され，里山にかかわるボランティア活動が盛んになっている。また，森林，水田，池沼といった人間の手が加わった多様な景観が，生物多様性を増やしており，自然と人間の共生社会のモデルとして世界的にも注目を集めつつある。

今さらエネルギー革命前の生活に戻って里山を復活させようというナンセンスな議論はさておき，自然から離れた日常生活を送る都会人が自然に接し，環境教育を受ける場として，身近な自然である里山の整備と維持管理には現在的意義があると考える。この意義を見失わず，里山を手入れするボランティア活動が確保されて，里山が健全に維持されるならば，この里山という歴史的にも長く豊富な空間の履歴は尊重されることになる。

しかし，生活に根ざしていないので里山を整備する本来的意義は失われているのであり，自然とのかかわりを体験するという環境教育的意義を見失った時点で，現在における里山の意義は崩壊してしまう。また，手入れをするボランティア活動が継続できなくなった場合も，里山はたちまち落葉広葉樹二次林に戻り，植生遷移のステージにその姿を委ねることになる。このような場合は里山としての空間の履歴の継続が難しく，天然林あるいは人工林に転換することを考えるべきである。先述した需要の低下する高級材と同様に，生活とのつながりを失った里山を文化的に残すべきかどうかという判断にも，その森林を健全に維持しつづけることができるのかという明確な基準が求められる。

近年のバイオマスエネルギー利用への木質バイオマスの期待や，二酸化炭素吸収源としての造林の推奨といった地球温暖化問題に端を発する世界的ニーズを受けて，今後はバイオマスを促成栽培するプランテーション林業も現れてくるであろう。実際に北海道の下川町では，休耕地を利用して木質バイオマス資源のための柳の促成栽培を行っている。また，北欧では製紙用のチップを大量生産するために条件の良い平地でポプラの促成栽培と機械化による作業を40年ほど前から行っている。

これらは農耕地と同じ単一樹種の人工林であり，また生物多様性は極めて少ないかもしれないが，需要に応える人間の取り組みの履歴として，その森林が人手を加えることで健全に管理される限り，ひとつの生態系としてその空間の履歴は尊重されることになる。しかし，このようなプランテーションが見渡す限り続き，流域全体がモノカルチャーになってしまっては生物多様性の維持の面で問題である。

北山杉においても，その隣接する町村も含めて，流域単位で柱材生産の人工林が広がっており，大面積のモノカルチャー化を呈している。このように流域あるいは大面積が人工林のモノカルチャー化している場合は，ある割合で広葉樹林に林種転換し，それらを渓畔林や尾根筋の天然林などの緑の回廊で結ぶようにして，面域での生物多様性を復活するようにすべきである。

人工林であっても空間の履歴は環境倫理的に尊重されるべきであるが，そのためには，ローカルな視点では「森林が健全に維持されているか」という条件を，そしてグローバルな視点では「面域として生物多様性が維持されているか」という条件の両者を満たしていることが求められる。

6 森林と「生身」のかかわりを持つ

森林を健全に維持するためには，木材生産という経済面からのみの森林とのかかわりを見直すとともに，生活の中で新たなかかわりを見出し，より複合的な森林とのかかわりに改善していく必要がある。経済面からのみのかかわりでは，材価の低迷により経済的に成り立たなくなった場合に，容易に森林管理の放棄につながるが，複合的なかかわりがあれば，他の価値観に支えられて森林管理を継続することが可能になる。

これを鬼頭は「生身」のかかわりと称しており，「人間が，社会的・経済的リンクと文化的・宗教的リンクのネットワークの中で，総体としての自然とかかわりつつ，その両者が不可分な人間―自然系の中で，生業を営み，生活を行っている一種の理念型の状態」，すなわち「かかわりの全体性」であるとしている（鬼頭 1996：126)。一方，「社会的・経済的リンクと文化的・宗教的リンクによるネットワークが切断され，自然から一見独立的に想定される人間が，人間から切り離されて認識された『自然』との間で部分的な関係を取り結ぶあり方」を「切り身」のかかわりと称し，「かかわりの部分性」であるとしている（同前：126)。

エネルギー革命で「生身」から「切り身」の関係になった森林と人間の関係を，里山復活のように現代社会を再び当時の「生身」の関係に引き戻すことは不可能であるため，現代社会の中で新たな「生身」の関係を創り出すことが求められる。しかし，現代社会の中でどのようにすれば，森林と新たな「生身」の関係を創り出せるのであろうか。そのきっかけとなるのは，やはり地球温暖化問題であろう。二酸化炭素吸収源として見込まれる森林は，持続可能な森林管理を行っている森林であるので，間伐あるいは植林による二酸化炭素吸収量の増加に関する国民の理解を得ることが求められる。

また，化石燃料の代替エネルギーとして，再生可能でカーボンニュートラルな木質バイオマスのエネルギー利用に期待がかけられている。バイオマス発電，バイオマス燃料，バイオエタノールが身近に出回れば，バイオマスを育成している森林をより身近に感じることが可能になる。エネルギー革命以前は薪炭材にエネルギー資源を託していたわけであるが，これからの現代社会においても形こそ変えているが，再び森林にエネルギー資源の一部を依存していくことになる。エネルギー革命以前は実際に山に柴刈りや薪拾いに行ったという直接的なかかわりがあったが，現代社会では製品としてエネルギー供給されることになり，実感がいまひとつ湧かないかもしれない。

そこで，バイオマスエネルギーを生産している森林とその管理についての理解を深められるような情報提供と環境教育を進めることが肝要である。これらの取り組みを通して，都会に住む住民が生活の中に森林を意識し，生活のサイクルに位置づけることができるようになれば，森林から遠くに離れていても森林との間に「生身」のリンクが形成されるのではないか。

もうひとつのきっかけは水の供給である。森林の持つ水源涵養機能は洪水の緩和と渇水の防止に効果があり，また水質の向上にも効果がある。水の供給については，水源となる森林の管理を促進するために水源税を負担するなどの動きがあり，水という生活になくてはならない身近な存在から遠くの森林の問題を考えるという意味で，こちらも森林との「生身」のリンクが再構成されつつある。

7 森林に愛情を持つ

レオポルドは「土地に対する愛情，尊敬や感嘆の念を持たずに，さらにはその価値を高く評価する気持ちがなくて，土地に対する倫理関係がありえようとは，ぼくにはとても考えられない」と述べている（レオポルド 1997：347)。谷本は「私たちが自然環境との関係を改める，つまり愛情と尊重と感嘆の念をもって自然と接することによってのみ全体論的倫理が可能になる」と解説している（谷本 1998：141)。

メーラーは「作業担当者の愛林精神」を恒続林思想の実現のための第一条件に挙げている（メーラー1984：116)。日本の森林経営者たちも同様のことを言っている。北里達之助は「林業家というものはまず第一に林木に愛情を持たなければだめ」（全林協 1981：80）といい，川畑太治は「林業家は植林（育林）を好きになることが大切。（中略）みどりに生きがいを見出すことが，林業人の第一歩」といっている（同前：71）。また，川畑は「『木育ては子育て』一本の木を育てることは，自分の子どもを育てるのと全く同じ。過保護はいけないが，正しい愛情を持って育てれば，子どもも木も素性よく育つ」（同前：71）と述べ，自分の子どものように木を愛して，育てるように勧めている。

レオポルドは「土地の倫理の進化を妨げている最も重大な障害は，われわれの教育及び経済の機構が，土地を強烈に意識するのではなく，むしろ遠ざける方向に向いているという事実にあるのではなかろうか」（レオポルド 1997：347）と述べ，その結果「人間は土地と血の通った関係を持たなくなってしまった」と分析している（同前：347）。これは鬼頭のいうところの「切り身」の関係であり，これでは自然や森林に愛情を持つことはできない。

先の理念とも関連するが，まずは切り身になった私たちと森林の関係をどのように改善するかが課題である。人の恋愛と同じプロセスが森林との関係にも当てはまると考える。「切り身」→「生身」への第一歩は，まず「森林に親しむ」ことである。そして，相手への興味を抱き，相手のことをもっともっと知ろうとするのと同様に，森林生態学などを通して「森林をよく知る」。次に，相手のために何か特別なことをしてあげたいという思いから，ボランティア活動などを通して「森林のために働く」。徐々に愛情が生まれ，「森林を尊敬し」「森林を愛する」ことに発展していく。このようなプロセスが自然に育まれるような情報提供，環境教育，体験学習が効果的に組まれていけば，都会の住民にとっても森林が「生身」の関係に変わってくると考える。

◉――もっと詳しく森林の思想について知りたい方にお勧めの本

アルフレート・メーラー　1984『恒続林思想』山畑一善訳，都市文化社

筒井迪夫　1995『森林文化への道』朝日新聞社

◉――参考文献

アルド・レオポルド　1997『野生のうたが聞こえる』新島義昭訳，講談社

アルフレート・メーラー　1984『恒続林思想』山畑一善訳，都市文化社

鬼頭秀一　1996『自然保護を問いなおす――環境倫理とネットワーク』ちくま新書

中村太士　2004「森林機能論の史的考察と施業技術の展望」『森林技術』753：2-6

スウェーデン全国林業委員会　1997『豊かな森へ――A Richer Forest』神崎康一他訳，こぶとち出版会発行，昭和堂発売

谷本光男　1998「生物多様性保護の倫理」加藤尚武編　『環境と倫理』有斐閣
筒井迪夫　1995『森林文化への道』朝日新聞社
山内廣隆　2003『現代社会の倫理を考える11　環境の倫理学』丸善出版社
全国林業改良普及協会　1981『林業経営――私の哲学』

第Ⅱ部

森林管理の技術

第6章　森林のゾーニング

森林管理の理念が明確になれば，次の作業はその理念に基づいて森林を管理していくことになるが，いくら個人所有の森林であっても勝手に伐ったり，植えたりすることはできない。どのように自分の森林を管理していくかというプラン，すなわち森林計画を立てて，行政機関に届け出る必要がある。森林計画といってもその対象とするスケールによって，個別の森林施業計画もあれば，都道府県を単位とする大きな地域森林計画もある。基本的には，国のグランドデザインである森林・林業基本計画があって，それに即して全国森林計画が立てられ，それに即して都道府県は地域森林計画を立てる。そして，それに適合するように市町村レベルで森林整備計画が立てられ，それに従って森林所有者は個別の森林施業計画を立てることになる（図6-1）（森林基本計画研究会 1997）。

森林はその立地条件が一定ではなく，人工林の適地・不適地もあれば，保護すべき森林もある。森林計画を立てる際には，それぞれの森林の状況を調査し，地図上でその取り扱い方を検討して区分する作業，すなわちゾーニングを行うことが重要になってくる。個別の森林レベルでは保護すべきエリアと人工林の適地を区分することが主目的となるが，地域レベルでは農地と林地の区分もさることながら，公益的機能の発揮のための保安林の区分など広い面積を対象としたゾーニングが行われる。

また，地域レベルの大面積の森林では，メーラーの提唱する恒続林や複層林施業を全面的に行い，すべての森林を生態面から見て理想の形に維持することは不可能である。そこで，生態面のひとつの評価指標である生物多様性を，全体としてあるレベル以上に維持する考え方を第5章で示した。この「生物多様性を面域で維持する」という理念を実現するためにも，これからの森林管理におけるツールとしてのゾーニングは重要である。

1 森林が持つ多面的機能

ゾーニングを進めるにあたり，まず森林の持つ機能を見極めなければならない。第18期日本学術会議答申「地球環境・人間生活にかかわる農業及び森林の多面的な機能の評価について」では，森林の機能を以下の8つに大きく整理している（森林科学編集委員会 2002：71-76）。

➢生物多様性保全機能

我が国の森林は，約200種の鳥類，2万種の昆虫類をはじめとする野生動植物の生息・生育の場となっている。このように，森林は，遺伝子や生物種，生態系を保全するという，根源的な機能を持っている。

➢地球環境保全機能

森林は，温暖化の原因である二酸化炭素の吸収や蒸発散作用により，地球規模で自然環境を調節している。

➢土砂災害防止機能／土壌保全機能

森林の下層植生や落枝落葉が地表の浸食を抑制するとともに，森林の樹木が根を張り巡らすことによって土砂の崩壊を防いでいる。

➢水源涵養機能

森林の土壌が，降水を貯留し，河川へ流れ込む水の量を平準化して洪水を緩和するとともに，川の流量を安定させる機能を持っている。また，雨水が森林土壌を通過することにより，水質が浄化される。

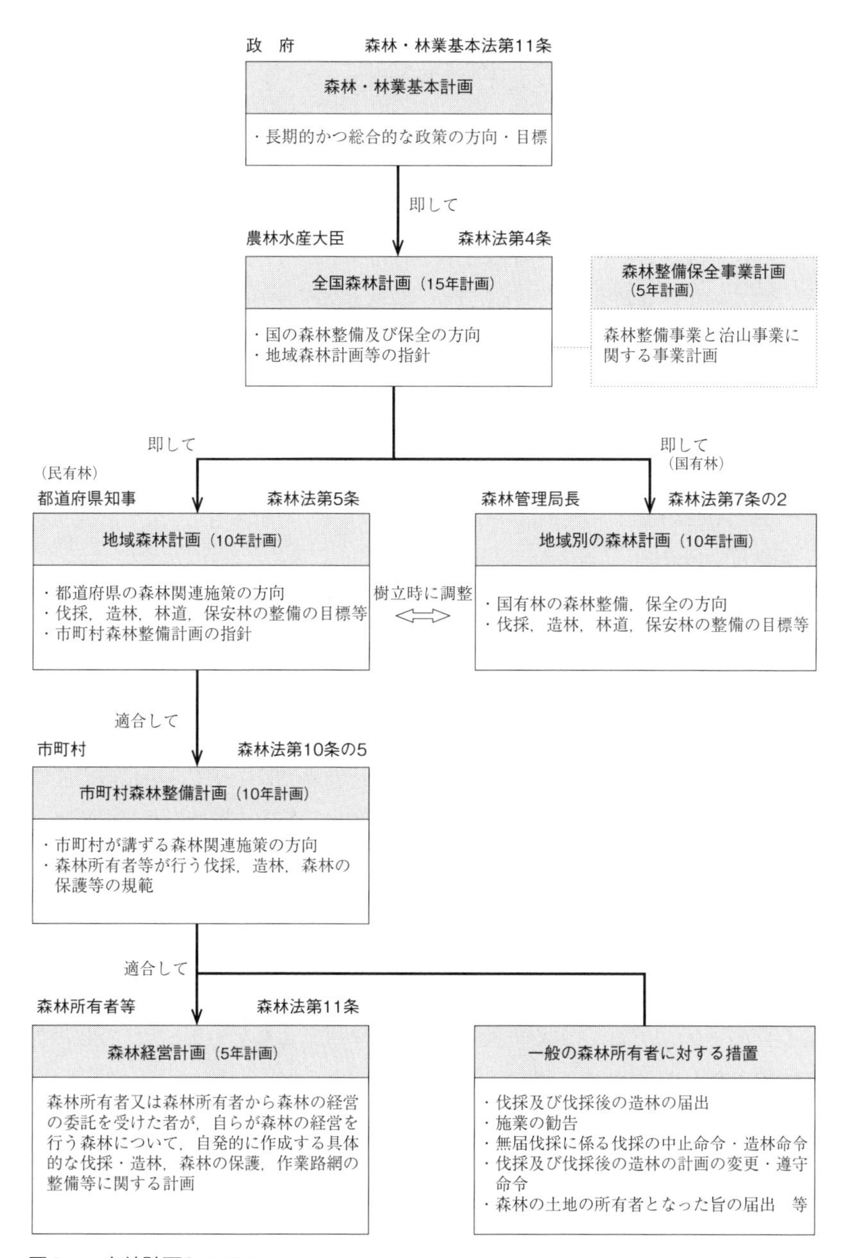

図6-1　森林計画システム
出所）林野庁HP。

➢快適環境形成機能

森林は蒸発散作用などにより気候を緩和するとともに，防風や防音，樹木の樹冠による塵埃の吸着，いわゆるヒートアイランド現象の緩和などにより，快適な環境形成に寄与している。

➢保健・レクリエーション機能

森林は，フィトンチッドに代表される樹木からの揮発性物質により直接的な健康増進効果が得られるほか，行楽やスポーツの場を提供している。

➢文化機能

森林のランドスケープ（景観）は，行楽や芸術の対象として人々に感動を与えるほか，伝統文化伝承の基盤として日本人の自然観の形成に大きくかかわっている。また，森林環境教育や体験学習の場としての役割を果たしている。

➢物質生産機能

森林は環境に優しい資材である木材の生産のほか，各種の抽出成分，キノコなどを提供している。

これらの森林の機能は，もちろん人間が道具的価値をつけて便宜的に定義づけしたものであり，それぞれに程度の差はあるが，すべての森林が大なり小なりこれらの機能を具備している。しかしながら，森林によっては特定の機能に長じているものもあれば，人間が立地的な条件から特定の機能をクローズアップする場合もある。

ゾーニングは森林ごとに特定の機能を割り当てる作業であるが，そこで注意しなければならないことは，ひとつの機能を割り当てるとその機能がその森林の看板のようになり，他の機能が見えなくなることである。桑子は「概念による空間の意味づけは，それが一義性とゾーニングをともなうことで，むしろ空間の豊かさを損なうものである」と指摘する（桑子 1999：286）。

例えば，水源涵養機能にゾーニングされた森林では，木材生産が行えないという認識に囚われがちになる（図6–2）。森林管理のためには，水源涵養保安林であっても間伐などの手入れを行わなければならない。そこには木材生産の機会が存在する。しかし，それはあくまで環境保全のために行うことであり，木材生産ではないという判断から，間伐で生じる木材を切り捨てにして，林内に放置するという杓子定規なことが平然と行われることになる。

ゾーニングによって定義された機能だけにこだわり，森林を健全に維持する上での副次的な恵みである各種機能を無駄にするのではなく，利用できるものはできる限り利用することが本来の森林管理の姿ではあるまいか。いわゆるトレードオフのようなゾーニングの概念を森林に持ち込むことは，ゾーニングされた機能のみに縛られて，他の恵みの利用を束縛することになり，自然ではないと考えられる。ゾーニングではその場所で他の機能よりも優先される機能が代表として示されるのであり，他の機能も程度の差はあるが同時に発揮されているという認識を持つべきである。

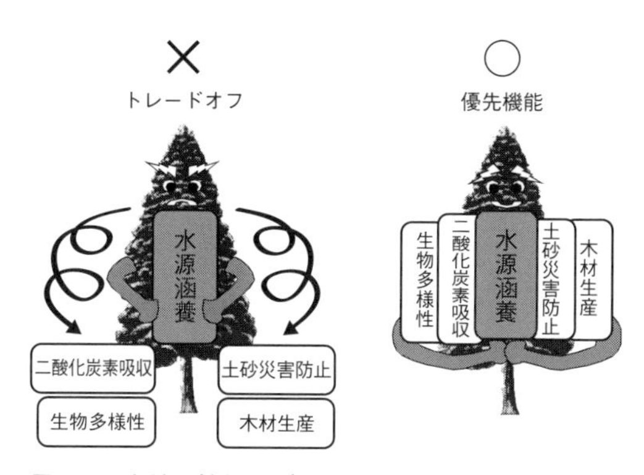

図6-2　森林の機能とゾーニング

林野庁は，森林・林業基本計画の中で日本の森林を「水土保全林」「森林と人との共生林」「資源の循環利用林」の3つに区分して，それぞれ1300万ha，550万ha，660万haに整備する方針を示している（林野庁編 2002）。都道府県はそれに従って管内の森林のゾーニングを行ったところであるが，このうち「水土保全林」と「森林と人との共生林」については，公益性が高いという理由から保安林として取り扱われることが多い。保安林に指定されると切り捨て間伐ではあるが，間伐に全額の補助金が出るので，経済的に森林の手入れに困っている私有林でも水土保全林にゾーニングを希望する森林が急増している。このような現状を受けて，2006年に改訂された森林・林業基本計画では，「水土保全林」の想定目標が1700万haに上げられ，「森林と人との共生林」と「資源の循環利用林」はそれぞれ320万haと510万haに下げられているが，すべての森林で木材供給の目標が立てられている（林野庁 2006）。2016年に改訂された森林・林業基本計画では，育成単層林，育成複層林，天然生林の区分になり，想定目標がそれぞれ660万ha，680万ha，1170万haとされている。機能区分としては，育成単層林は木材等生産機能の発揮を，育成複層林と天然生林は公益的機能の発揮がそれぞれ期待されている（林野庁 2016）。

しかし，このようなゾーニングはトップダウン思考のゾーニングであり，現場の森林の本来の機能とは結びついてはいない場合が多い。特に，補助金対策のための行政的な機能区分に陥りがちであり，森林の実態を表しているものとはいえない状況である。このような実態に合わない名目上のゾーニングを改善して，現実に即したものにしていくためには，個々の森林の状況をよく調査した上で，科学的なデータに基づいたボトムアップ思考のゾーニングに変えていく必要がある。

2 ゾーニングの手順

森林調査（インベントリー）

森林をよく見もせずに，将来の算盤勘定だけでただやみくもに行政や有識者が指導するゾーニングや施業法に飛びつくのではなく，まずよく森林の状況を知ることから始めなければならない（写真6-1）。森林の状況をよく知ることは，森林生態系を重視することの基本であり，その上で選択されたゾーニングと施業法により，森林を健全に維持することができる。

日本の森林には，あまりにデータが蓄積されていないことに驚かされる。森林資源にかかわる蓄積量や生長量のデータは大きな地域での予測のために取られてはいるが，市町村単位までスケールを下げるとおぼつかなくなり，たとえあったとしても整理されていないか，処分されてしまっている。一応，森林のインベントリーとして森林簿が作られてはいるが，そこに示されている数値は必ずしも森林の現状を反映したものにはなっていない場合が多く，その上，森林管理の基本である境界すらしっかり確定されていない場合が多い。

写真6-1　まず森林をよく見ることから始める

カナダでは森林計画の対象とするスケールごとに精度を変えた森林と生態系のデータをインベントリーとして揃えており，それらを地図情報とともにGISに記録している。最も小さいスケールでは，林業会社が伐採を計画している伐区レベルの調査データになる。日本においても地域森林計画から個別の森林施業計画に至るまで，計画策定の基礎となる科学的なデータを対象とするスケールごとにインベントリーとして整備することが急務である。

森林調査にあたっては，広域では人工衛星データを用いたリモートセンシングによる調査が行われ，林班単位では航空写真から有効な情報が得られる。しかし，森林の蓄積量や下層植生の状態を把握するためには，今のところ現地でのプロット調査を行わなければならない。目的と用途に合わせて調査方法と調査項目は変わることになる。

森林の機能区分をしたり，対象森林に施業法を選択したりする場合に参考となる調査項目を以下にリストアップしておく。

①資料によって得られる調査項目

・地形条件（標高，傾斜，谷密度，斜面方位など）
・土壌条件（地質，土壌タイプなど）
・気象条件（気温，湿度，降水量，積雪深，風向，風速，日射量など）
・保護条件（絶滅危惧種の存在，貴重な動植物群落など）
・多様性条件（動物，鳥類，昆虫，植物，藻類，菌類などの種数）
・地利条件（路網密度，路網配置，集材距離，市場の近さ，流通ルートなど）
・経営条件（蓄積量，森林管理方針など）
・気象害条件（雪害，台風害，霜害，凍裂，塩害などの履歴）

②リモートセンシングによって得られる調査項目

・植生条件（森林の区分，植生など）
・地利条件（市場の近さ，流通ルートなど）

③航空写真によって得られる調査項目

・地形条件（谷密度，斜面方位，崩壊地，断層など）
・林分条件（樹種，立木密度，樹冠鬱閉度など）
・保護条件（貴重な動植物群落など）

・地利条件（路網密度，路網配置，集材距離など）

④現地調査によって得られる調査項目

・地形条件（傾斜，谷密度，斜面方位など）

・土壌条件（地質，土壌タイプなど）

・気象条件（気温，湿度，降水量，積雪深，風向，風速，日射量など）

・林分条件（胸高直径，樹高，枝下高など）

・下層植生条件（植生種と優占度，植生密度，植生高，天然更新の可能性など）

・保護条件（絶滅危惧種の存在，貴重な動植物群落など）

・多様性条件（動物，鳥類，昆虫，植物，藻類，菌類などの種数と個体数）

・病害虫条件（樹病や害虫の感染度）

・気象害条件（雪害，台風害，霜害，凍裂，塩害などの状況）

上記のデータには，地形図や気象観測データのように資料を通して集められるものもあれば，現場で実際に測定してこなければならないものもある。広大な面積の森林を小班ごとに調査してデータを整えることは大変な作業であるので，せめて育林作業や間伐作業が入る際に，10ｍ四方のプロットを作って，樹種，立木本数，胸高直径，樹高，枝下高，地位などの標準地データを調査して，保存することが望まれる。

近年，間伐作業時に標準地調査を行うところが多くなっているが，せっかく集められたデータも申請書に使われるだけで整理されることもなく，5年を経過すると廃棄されている。これらのデータを電子ファイル化し，施業計画図や森林簿とリンクさせれば，貴重な情報源になるとともに，これらのデータを毎年蓄積していけば，より科学的な森林管理が行えるようになると考える。また，全国的に広めるためには，調査方法と調査項目を確定し，スタンダードな調査マニュアルと調査票を作成する必要がある。施業法にスタンダードなやり方はないが，森林のデータはスタンダードな集め方をしないと使いようがない。

ビオトープの見分け方

森林のゾーニングを考える場合の基本単位は，現在の森林計画上は林小班となっている。これは大面積の森林を管理するために区分された林班よりも小さく，沢や尾根といった地形条件や所有者の所有境界によって林班をさらに細分化したものである。私有林では森林管理を林小班よりもさらに細かい地番単位で行っている。それは植栽する樹種の適地適木による区分ももちろんあるが，むしろ所有者の経済的な理由によって同じ立地条件であっても植栽年度が異なり地番が分けられているようである。

森林計画と森林管理は，これらの林小班と地番単位にデータを整理した森林簿をもとに行われているところであるが，その基本単位は地形条件と所有条件以上に森林の状況を的確に反映したものにはなっていない。同一樹種の同一林齢の人工林でも，地形や土壌の影響で下層植生が異なり，そこで生活する，あるいはそこを利用する生物相が異なってくる。例えば，沢筋から尾根筋まで一面のスギ人工林があるとしよう。沢筋の下層植生は湿潤を好むシダ類やアジサイなどが繁茂し，水辺を生活の場とする昆虫類が多いが，尾根筋では下層は笹で覆われ，昆虫類も少なくなる。このような森林の状況を的確に反映したゾーニングを行うためには，その基本単位を林小班ではなく，さらに小さなビオトープに変更するべきである。

ビオトープとは，『豊かな森へ』によると「微気候，土地の特性，動植物種の生育によって事前にその境界が定められる，ある均質な環境を持つ区域を指す」と説明されている（スウェーデン全国林業委員会 1997：15)。ランドスケープ・エコロジーの分野では，ビオトープは生物生態と訳され，フィトトープ（植物生態）とズートープ（動物生態）を合わせたものであると解釈されている（横山 2002)。

森林の例をとると，まず林冠を形成する上層木の樹種構成によってフィトトープは大きく分けられ，次に中下層木の樹種構成，そして下層植生によってさらに区分を進めることができる。気候帯や標高の影響を受けるフィトトープの区分により，そこを利用するズートープは概ね特定されてくる（図6-3)。ちなみに，ビオトープにゲオトープ（地生態）を合わせたものがエコトープ（景観生態）と呼ばれている。これに機能的概念が加わったものが，エコシステム（生態系）になる。

ビオトープは森林から都会に至るまで，生物が生息しているところには必ず存在することになる。それゆえ，原生的自然のように大切に保護されるべきビ

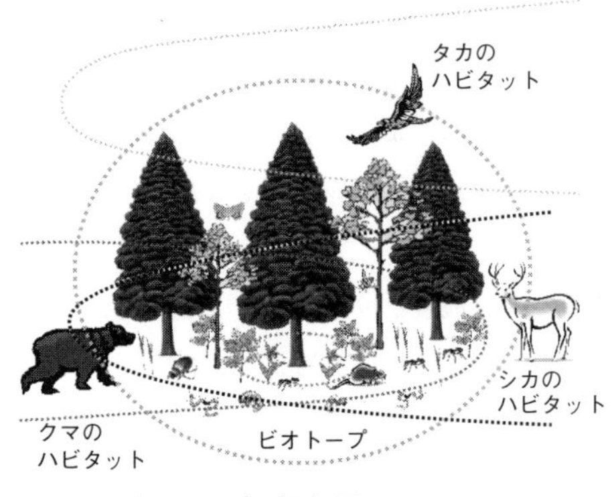

図6-3　ビオトープの概念図

オトープから都会の人工的環境の中であまり気づかれないビオトープまで様々なタイプのビオトープに分けられる（近自然研究会 2004）。しかし，すべてのビオトープを保護することはできず，あるいは現状を維持する必要性が特に認められないビオトープもあり，保護されるべきビオトープの選別を行う必要がある。森林の場合には，大切に保護されるべきビオトープとして次のようなケースが考えられる。

➢絶滅危惧種が存在するビオトープ
➢その環境でしか生息できないスペシャリストが存在するビオトープ
➢貴重な群落を含むビオトープ
➢生物多様性の高いビオトープ
➢里山や耕作放棄地など人間活動の歴史的な影響を受けたビオトープ

これらのビオトープはそれを含む森林の生態系の特徴を表しており，森林管理の中で人為的に失われないようにしなければならない。保護されるべきビオトープの面積が大きい場合は，生態系保護地域としてゾーニングすべきである。また，その面積がゾーニングの対象となるほど大きくない場合は，ゾーニングされた機能の中で意識的にそのビオトープを保護するようにすべきである。たとえそれが木材生産機能にゾーニングされた森林であっても，保護されるべきビオトープは施業から外して，必要な場合は適当なバッファゾーンを含めて残されなければならない。その意味からも小さなビオトープを破壊してしまう大面積皆伐や植栽のための全面地拵えは避けるべきである。

森林機能の優先順位

ビオトープの情報の上に，森林の立地，地形，地利，植生，地質，土壌，生物などの個別の条件を考慮して，優先されるべき森林の機能を見極めていく。

例えば，標高の高い源流部にあたる一次谷の森林は水源涵養機能が優先され，景観が良くアクセスの良い森林はレクリエーション機能が優先される。

しかし，このような人間の道具的価値によって，すべての森林が自由にゾーニングできるわけではない。森林の中には自然条件によりその機能が特定される場所があり，そこでは人間が勝手に利用することができない。このように場所が特定されていて保護されるべき機能区分をハードゾーニングと定義する。それに対して，それ以外の場所は人間の利用のために自由にゾーニングできるので，ソフトゾーニングと定義する。考え方としては，まずハードゾーニングを行い，残ったところにソフトゾーニングを行うことになる（山田 2004）。

ハードゾーニングに該当する場所は，生態系保護地域と土砂災害危険地域である。

➢生態系保護地域

絶滅危惧種や貴重な動植物の生息地，あるいは守るべき固有の生態系を含む地域であり，バッファゾーン（緩衝地域）も含めてこの地域を保護する。

➢土砂災害危険地域

斜面崩壊，土石流，地滑り，雪崩などの発生が予測される地形条件の地域であり，砂防指定地では人工的防護施設との併用もある。また，斜面の土壌が安定しないと植生の侵入が望めないため，この機能の優先順位は必然的に高い。

ハードゾーニング以外の森林は，人間の自由に利用することができるが，環境倫理学によると自然利用の順位が示されており，これに森林の機能を割り当てると以下のようになる（加藤 1991：25）。第一の基準は，地球温暖化防止のための二酸化炭素吸収機能と炭素貯留機能となるが，すべての森林がこれらの機能を有しているので，ゾーニングする必要はないと考えられる。第二以降の基準を順番に，水源涵養機能，木材生産機能，レクリエーション機能がゾーニングされることになる。

第一の基準：人類の存続のための利用
　　　　　　二酸化炭素吸収機能と炭素貯留機能

第二の基準：個人の生存のための利用
　　　　　　水源涵養機能

第三の基準：生活のための利用
木材生産機能
第四の基準：趣味や贅沢のための利用
レクリエーション機能

しかし，ソフトゾーニングでは，その森林の置かれている条件により，環境倫理学の示す優先順位に従えない場合もある。水源涵養機能，レクリエーション機能，木材生産機能については以下の条件を考慮する必要がある。

➢水源涵養機能
一次集水域にあたる沢上部と斜面上部
➢レクリエーション機能
外部からのアクセス，歩道や休憩所などの施設整備
➢木材生産機能
作業のしやすさの観点から，林内道路からの距離，地形傾斜

ゾーニングされた森林について，優先された機能だけのトレードオフ的な考え方をするのではなく，複数の機能を両立させる森林計画が求められる。すなわち，水源涵養機能やレクリエーション機能が優先される森林においても，森林管理の副産物としての木材生産を森林計画の中で見込んでおくことがポイントになる。

木材生産機能をゾーニングする場合は，造林的なサイト区分による適地適木を基本にすべきであるが，それ以外に木材市場や消費地への地利条件，ならびに面積，施業法，機械化などの経営条件も考慮する必要がある。また，木材生産機能が優先される森林では，小面積皆伐による森林管理も有効であるが，小面積の皆伐が連続して最終的に大面積の皆伐地になるようなことを避けるために，小面積のモザイク状の管理による法正林化を目指すべきである。

3 時空間的な分散による生物多様性の保全

流域あるいは地域レベルのゾーニングで最も大切なことは，生物多様性が全体として維持され，期待される機能が全体として発揮されるように適正な配置を考えることである。すなわち，全体として森林管理の理念が総合的に実現さ

れ，維持されるようなゾーニングを心がける。具体的には，モノカルチャーな人工林から面的なモザイク配置に改善していくとともに（図6-4），木材生産機能の森林で伐採が隣り合わないように，時間的にもモザイク配置になるような配慮が求められる。具体的に天然広葉樹林をどの程度残せばよいのかという指針は今のところ明確になっていないので，これからの研究の進展が待たれるところであるが，人工植栽が難しい，あるいは所有境界を示すために残されることの多い尾根部や沢筋の天然広葉樹林は少なくとも残すべきである。

人工林においては，苗木を植栽して樹冠が鬱閉するまでのステージ1では広葉樹多様性が高いが，樹冠が鬱閉して植栽木が上に向かって競争して大きくなる（上長成長）ステージ2では林内が暗くなり広葉樹がほとんどなくなる。その後，除伐や保育間伐をして形質の悪い木を取り除くステージ3では林内が明るくなるにつれて少しずつ広葉樹の侵入が始まり，利用間伐が始まり木を太らせる（肥大成長）ステージ4に入ると再び広葉樹多様性が高くなる（図6-5，図6-6，写真6-2）。香坂と筆者が愛知県の段戸国有林で調査した結果，スギ人工林とヒノキ人工林ともにステージ2と3に相当する27～60年生で広葉樹多様性が低くなることを明らかにしている（図6-6）(Yamada and Kosaka 2013)。なお，広葉樹多様性は種数，個体数，BA比（胸高断面積比）の3種類を用いているが，いずれも同じ傾向を示した。すなわち皆伐一斉人工造林の森林では，どうしても広葉樹多様性の低くなる時期があり，ひとつの森林で生物多様性を維持することは困難であることになる。

調査対象の段戸国有林は，総面積5590haの1団地である。その半分近くを天然林と非皆伐人工林が占めており，これらの森林は常に広葉樹多様性が高いと考えられる（図6-7）。残りは皆伐人工林であるが，伐期の異なる様々な施業試験が行われている。そこで，各人工林の現在の林齢と伐期を基に将来の広葉樹多様性の変化をシミュレーションした。すなわち林齢が27～60年は広葉樹多様性が低く，それ以外は高いと予測した。図6-8で濃い部分は常に広葉樹多様性の高い天然林と非皆伐人工林を示し，薄い部分が広葉樹多様性の高い皆伐人工林を，白い部分が広葉樹多様性の低い皆伐人工林を示している。図の左側の現在の状態では広葉樹多様性の低い白い部分が多くなっているが，右側の30年後のシミュレーションでは広葉樹多様性の高い薄い部分が大半を占めている。

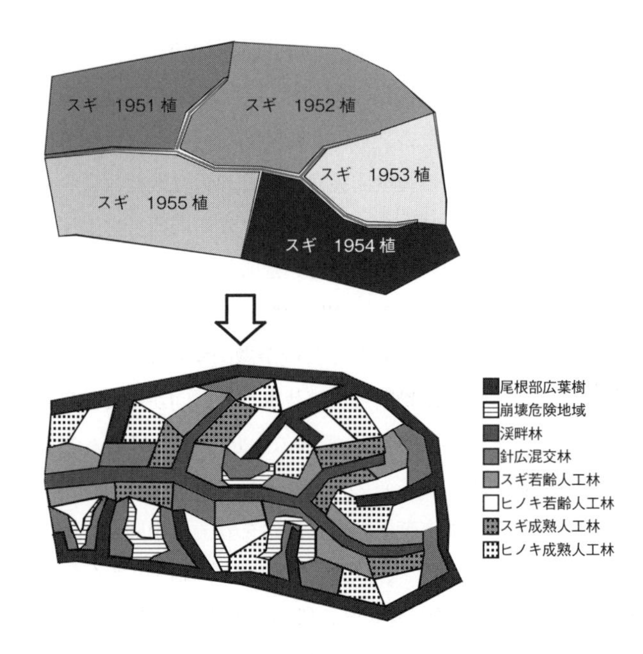

図6-4 時空間的モザイク配置のイメージ

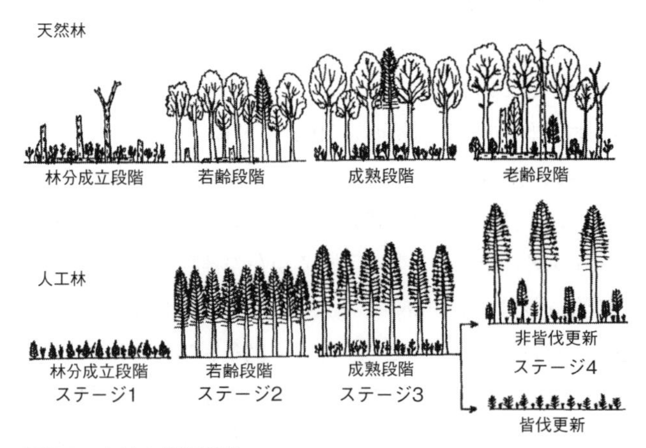

図6-5 森林の発達段階
出所）藤森（1997：4）に筆者修正。

写真6-2　人工林内の広葉樹多様性の変化

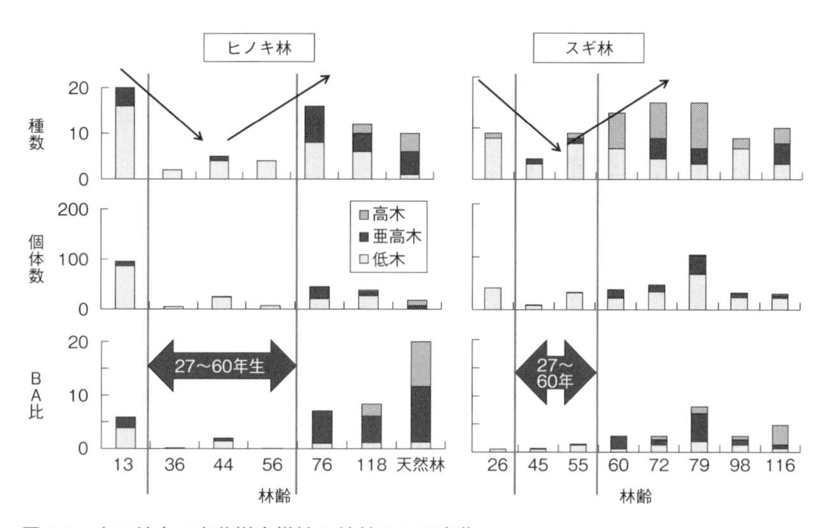

図6-6　人工林内の広葉樹多様性の林齢による変化

出所）Yamada and Kosaka (2013 : 123-124).

ここで問題となるのは，現在の状態で広がる白い部分である。全体の面積から考えると大きなものは500haを超えることになる。このような大面積の広葉樹多様性の低い人工林が広がることにより，小型の哺乳類や昆虫類の移動が難しくなり，結果的に生物多様性を下げることが問題となる。皆伐人工林において生物多様性機能との両立を図るためには，広葉樹多様性の高い人工林のネットワーク，すなわち緑の回廊をダイナミックに維持する必要がある。そのためには，造林時期あるいは伐期を変えることにより隣り合う人工林に時間差を作るとともに，伐区のモザイク配置を進めることで面的に隣りあわないようにする森林経営計画が求められる。

個別の森林のスケールでは，森林生態系が維持できない場合でも，経営スケールや，その上の市町村スケールに視点を拡大することによって，面域全体として欠陥を相殺してゆくことができる（図6–9）。野生動物の生息域では，流域あるいは地域レベルのスケールでも対応できない場合があるので，都道府県レベルあるいは複数県を合わせた地方レベルのスケールで考えるべき場合もある。このように空間スケールによって留意すべき機能は異なる。なお，野生生物の生息域の確保のためには，野生生物のハビタットを全部保護する必要はなく，その季節的な行動範囲も考慮に入れながら，ねぐらや餌場の天然林を保護優先地帯や保全利用地帯として残し，それらを結ぶ渓畔林や尾根筋の天然林などで緑の回廊のネットワークを作ることが求められる（藤森他 1999）。

4 多様な森林管理技術

1950年代後半から1960年代前半にかけての拡大造林が華やかなりし頃に，短伐期皆伐一斉造林施業が一般的になり，全国にこの施業法が普及した。これは当時のニーズであった住宅建築需要に応えるための柱材ならびに板材の生産に適した施業法であり，土地から最大の収穫量を得るという農業の手法を林業に取り入れたシステマティックな施業法であった（赤井 1998）。

もちろんこの施業法が成功する森林は多く存在したことであろうが，成功しない森林もかなりあったことは否めない。では，非皆伐施業がよいのかといえば，それも皆伐施業と同様にどこでも成功するというわけではない。非皆伐施

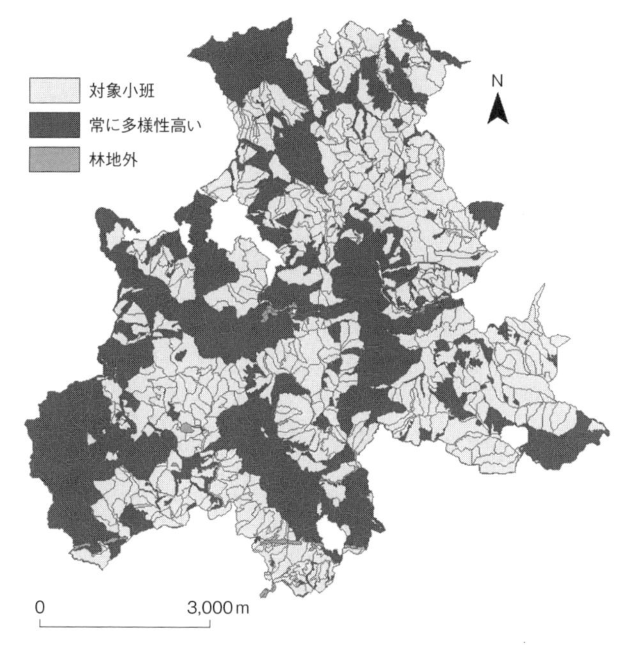

図6-7　広葉樹多様性シミュレーション対象

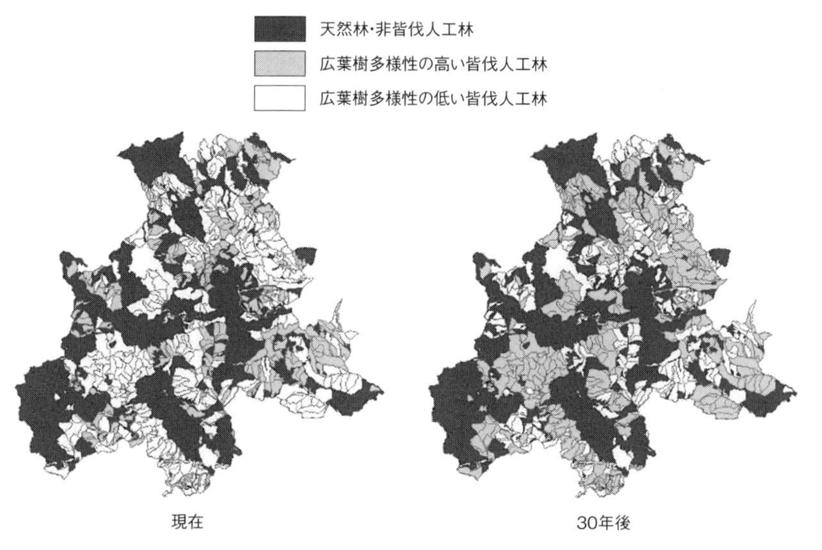

図6-8　広葉樹多様性シミュレーション結果

種類	ハードゾーニング		ソフトゾーニング		
優先度	1位	2位	3位	4位	5位
機能	保護すべき生態系	国土保全機能	水源涵養機能	木材生産機能	レクリエーション機能
小班スケール	ビオトープ区分	下層植生	立木密度	サイト区分	下層植生
	⇩	⇩	⇩	⇩	⇩
林班スケール	希少種 小型鳥類 哺乳類の生活域	土壌浸食防止	源流域 高標高地域 一次谷集水域	経済的伐出可能域	遊歩道 施設整備域
	⇩	⇩	⇩	⇩	⇩
流域スケール	猛禽類 大型獣類 天然性の貴重な森林	地滑り 土石流 危険地域	水源林	木材流通 地理的適地	里山利用 外部景観 ROS

図6-9　スケールとゾーニングの対象とする機能

業を成功させるためには，植生的，地利的，経営的にクリアすべき条件がいくつも存在する。また，近年は国産材の利用促進に向けて，団地化による低コスト化が叫ばれ，短伐期の皆伐施業が再び見直されつつある。その一方で複層林施業は現実的に困難というレッテルが貼られ，有識者たちは一様に否定的な見解である。

このように時代時代に有識者たちは自分の考えを「これこそがスタンダードだ」と表明してその普及に腐心し，森林の現場はそれに振り回されてきたように思われる。しかし，第1章に記したような過去の経緯を鑑みると，全国一律に通用するようなスタンダードな施業法といったものは存在せず，行政を通じて自分の考えを無理に広めようとする有識者の言動は危険である。大事なことは対象とする森林をよく知り，その森林の条件に合った適切な施業法を柔軟に決める姿勢を忘れないことである。

森林施業の四極化

これからの森林管理を考える場合に，造成された1000万haの人工林の取り扱い方が課題となる。しかし，戦後の拡大造林期のように単一の施業法にスタンダードな解決を求めるのでは将来のリスクが高くなるので，森林の状況や経営の状況をよく考慮したいくつかの施業法の提示が現実的に有効であると考える。これからの国産材の価格競争と安定供給の課題を考える場合に，一般材は団地化による低コスト施業が求められるであろうし，大径材の生産に恵まれた条件の森林では長伐期施業を踏襲することが求められるであろう。このような各種条件の違いを勘案して，これからの森林管理は以下に示す4つの方向に集約していくと考えられる。

①大径材：役物　→長伐期，複層林
②一般材：用材ほか　→短伐期
　A級材　→高品質住宅材（プレカット）
　B・C級材　→合板，CLT，パルプ
③バイオマス・エネルギー利用→C・D級材，促成樹プランテーション
④天然林：天然生林　→生態系保護
　里山　→広葉樹二次林
　人工林施業の放棄　→針広混交林誘導→天然林化

多様な目標林型の設定

森林施業の方針が決まれば，その施業の目標林型が決まってくる。さらに，多様な目標林型を時間と空間を超えたモザイク状に配置することで，社会情勢の影響で変わる木材ニーズに柔軟に対応することができ，地域の森林のポテンシャルを高め，持続可能な森林管理が実現できる。

また，多様な施業を行うことで多様な森林が面的に分散配置されることになり，地域の生物多様性をはじめとする公益的機能が維持されることになる。もし地域の森林すべてが原生自然のような天然林であれば，生物多様性が最も高くなるかというと，必ずしもそうとは限らない。里山は人間の営みの中で改変されてきた自然ではあるが，天然林，人工林，竹林，田畑，草地，ため池，小川，さらに居住地などのそれぞれに生息する動植物種があり，生物多様性は天然林よりも高くなる。例えば，湿った暗い人工林内を好むギンリョウソウや数種のランがある。また，トキやコウノトリは営巣するための大木のある天然林と餌を取る田畑が必要であり，オオタカは皆伐地や列状間伐地でウサギを捕獲しているという研究報告もある。針葉樹の人工林でも，間伐を重ねて林内が明

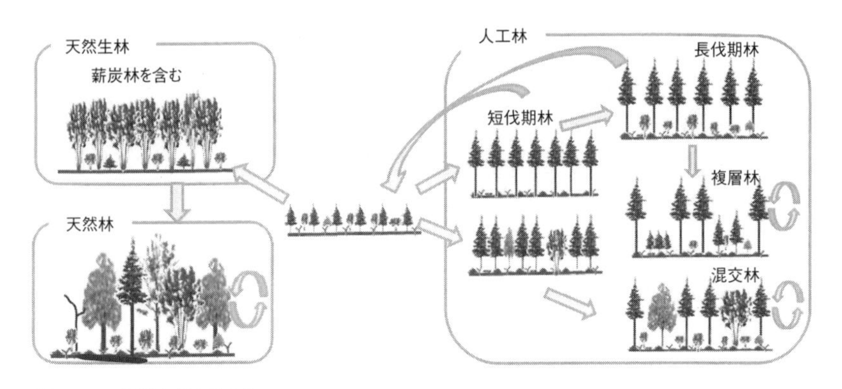

図6–10　多様な目標林型
出所）全国森林組合連合会（2012：19）

るくなると広葉樹が侵入し，高齢の人工林では複相林の様相を呈して，生物多様性は落葉広葉樹天然林よりも多くなる。生物多様性は森林だけではなく地域内の農地も含めて高まるものであるが，それだけに森林が多様な施業法と目標林型を持つことは，生物多様性を維持するだけでなく高めることになる（図6–10）。

大径材を目指した森林管理——長伐期施業

長伐期施業の定義は曖昧であるが，ここでは概ね70年生以上の伐期を設定した施業法を長伐期施業と定義して話を進める。長伐期施業による利点は，高品質の木材を生産できること，皆伐更新の回数が短伐期施業に比べて少なくなるため生態系への影響が軽減されること，低密度の管理になるため生物多様性の高い森林になること，さらに公益的機能が総体的に高まることなどが挙げられる。

メーラーの否定する皆伐施業ではあるが，長伐期にすることにより自然と共生する環境を創り出し，その時間を長く保つことが可能になるため，皆伐施業におけるひとつの理想的な方法であると考えられる。

反対に問題点としては，長期間の施業の中で気象害や病虫獣害に遭う危険性が高まること（写真6–3），本数密度管理のための保育コストと大径材を取り扱う伐出コストが高くなることなどが挙げられる。

長伐期施業で得られた高品質の大径材は，高級材として高価で取引されることが期待されるが，近年，住宅建築の欧米化により，木目を活かした高級材の需要が減少傾向にあり，今後の動向が懸念される。また，大径材は希少価値として高値を得ているのであり，長伐期施業が増加してくると過剰供給になり，値崩れを起こす危険性もぬぐい切れない。しかしながら，長伐期施業はどの森林でも行えるわけではないので，大径材の過剰供給を心配する必要はないとする森林所有者もいる。すなわち，長期間に森林を育成できる気象害の少ない地形と土壌，高品質材を生産できる土地特有の品種，長期間の森林管理を実行できる管理体制など，長伐期施業を実現するためにクリアすべき条件がたくさんある。

写真6-3　ダウンバーストの被害に遭った100年生の人工林。100年生のヒノキがアメのように曲がっている

現在は材価が低迷しているため，当初計画していた主伐をしても採算性が悪く，伐期を引き延ばす傾向が見られる。これを便宜的な長伐期施業と呼ぶことにする。しかしながら，便宜的な長伐期施業では，長伐期を目指した密度管理を行ってきたわけではないので，当初計画の主伐期を迎えてから，あわてて強度の間伐を繰り返すことになる。そのため形状比の高い森林が間伐効果を現すまでの長期間にわたって風雪にさらされることになり，気象害の危険性を増やすことになるとともに，年輪の密度にばらつきが生じ材質を低下させる。長伐期施業を行うためには，伐期をしっかり設定して，その目標に向けた密度管理計画を立てることが求められる（表6-1）。すなわち，短伐期施業に比べて，早い時期から低密度に管理して，形状比を低くすることを心がける必要がある。また，システム収穫表を使えば，将来の森林の生長量と，手入れを通して期待される収穫量の予測が行える。

大径材を目指した森林管理——複層林施業

メーラーの提唱する理想的な恒続林施業は，先述したとおり単木複層林施業

表6-1　長伐期施業の森林経営計画

項目	林齢（年）	本数密度（本/ha）	収量比数	間伐率（%）	間伐·主伐幹材積（m^3/ha）
	0	5,000			
除伐	10	3,000	0.70	40	32
保育or利用	20	2,000	0.70	33	40
保育or利用	25	1,500	0.70	25	50
保育or利用	30	1,000	0.70	33	70
保育or利用	40	800	0.70	20	50
利用間伐	50	600	0.70	25	100
利用間伐	100	400	0.65	33	200
利用間伐	150	300	0.60	25	160
利用間伐	200	200	0.60	33	210
利用間伐	250	150	0.60	25	200
主伐	300	100			2,379

出所）愛知県の財団法人古橋会によるスギ本数密度管理計画。

であるが，その実現のためにはきめ細かい巡視と手入れが必要であり，大面積への適用は難しい。ところが，愛知県の林業家の古橋は，複層林施業は造林費がかからず，省力化のできる低コスト施業であると推奨している（古橋・北原 2003)。確かに，上層木の間伐あるいは受光伐によってギャップを開け，そこに更新をさせることで，下刈りを省くことができ，除伐と間伐を適宜行うことで，複層林の管理となる。更新にあたって十分な天然更新ができれば，造林費と育林費をかなり軽減することが可能になる。

皆伐施業の批判を受け，天然林に近い形で環境への影響が少ない森林管理ができ，しかも造林費の軽減が期待できる複層林施業が近年注目された。その結果，複層林施業は林政審に取り上げられ，全国森林計画の中では2024年度末までに159万haの育成複層林の整備が計画され（林野庁 2008b)，森林・林業基本計画の中では680万haまでに増やすことが想定されている（林野庁 2016)。

しかし，複層林施業を成功させるためには，以下のような条件を満たす必要がある。

➢目的樹種の天然更新が容易であること

➢森林の状態を見て，判断できる技術者がいること

➢高密な路網が整備されていること

まず，天然更新が十分に行えない森林では，複層林施業でも造林費がかかるため決して低コストを望むことはできない。近年は列状間伐で抜いた列に人工

植栽をするいわゆる列状二段林が増えてきており，複層林の期間の長い漸伐のような施業法をイメージしているようであるが，造林費がかかる上に下層木の生育に疑問が出されている。

写真6-4　複層林の上層木間伐による下層木の被害

複層林施業では，森林の状態を見ながら適切に上層木の間伐と下層木の除伐を行っていく必要があり，林業技術者と林業技能者にはいつどの木を伐るかを決める選木作業と下層木の被害を最小にするような伐出作業に高度な経験と技術が求められる。上層木の密度管理を行っていく上で下層木の被害は免れることができず，上層木の間伐の回数が問題となってくる（写真6-4）。間伐の回数が少なければ下層木の除伐の範囲を超える被害を受けなくて済むと考えられるが，一般的には上層木の生長量と林内照度を勘案して7・8年に一回のペースの定性間伐が考えられており，これでは下層木がなくなってしまう危険性も否めない。このため多くの専門家は複層林施業を現実的ではないと否定しているが，20～50年に1回のペースで上層木に強度の間伐を行い，間伐回数を減らす方法もあり，その成果はいまだ明らかになっていない。

複層林施業の除伐・間伐・択伐を行うためには，頻繁な林内巡視，適切な時期の作業実施，そして機械化作業による省力化が欠かせないため，200～300m/haの高密な路網整備を必要とする。これだけの高密路網ときめ細かな管理を行うために，やはり大面積への適用は難しいと考えられる。複層林施業を実現するためには，長伐期施業の条件に加えて，上述の高密路網の整備と天然更新のしやすさが条件に加わる。

いろいろ未解明な課題の多い複層林施業ではあるが，樹齢の異なる木々による多層構造を可能にするため，管理の仕方によっては上層木を少量ずつ択伐していくことによって，継続的に利益を得ることができる。それゆえ，間伐期あるいは主伐期までの数十年間は収益が期待できない皆伐施業に比べて，複層林施業は小面積の私有林においてこそ適切な施業法であるとも考えられる。

一般材の森林管理

大径材生産に適していない多くの一般林業地では，これからもやはり住宅や家具などの用材生産を目指すことが主流になると考えられる。この背景には新築住宅の木造率が，2006年の45％前後から漸増状態が続き，2018年には59％に達していることがある（図6-11）。

しかし，これまでのような木材市場を通した複雑な流通システムでは，木材価格の下落に歯止めが効かない現状を経済的に乗り越えることができない。確かに一部の優良材は木材市場を介した流通に残るとしても，その他の一般材については新たな流通システムを考える必要がある。

新たな流通システムのひとつの動きとして，通直な優良材，いわゆるA級材については木材市場あるいは森林組合に併設するプレカット工場で高品質住宅材として製材し，工務店に直接販売される流通システムが全国に広まりつつある。プレカットによる工法では，住宅一戸を建築するのに必要な柱や梁をすべて工場でカットし，建築現場では運び込まれたこれらの用材をパズルのように組み上げるだけで住宅の骨組みが完成する。木造建築の中に占めるこのプレカットの割合は近年急激に増加し，2016年には92％を占めるに至っている（林

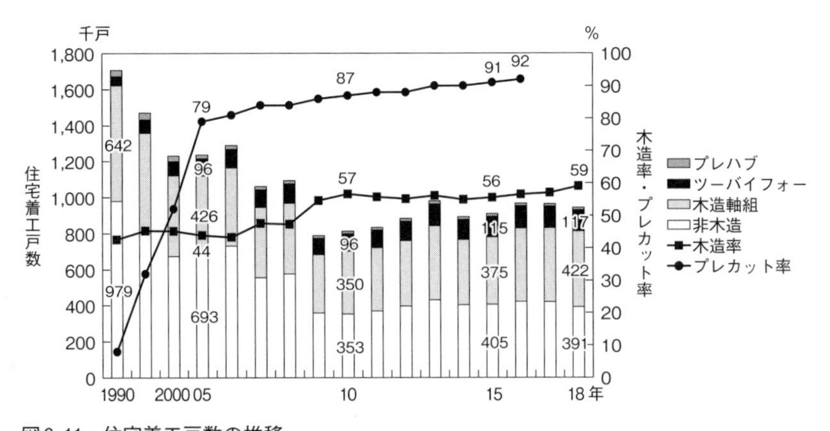

図6-11　住宅着工戸数の推移
出所）林野庁（2008：参考付表22-23, 2019：参考付表21）より筆者作成。

野庁 2018：155)。

また，中国やインドの経済発展にともなう木材需要の増加や木材輸出国側の環境政策などにより，日本に大量に輸入されていた木材流通の状況が変化し，外材の入手が困難になりつつある。この状況はこれまで安い外材を芯材として使っていた合板産業に大きな打撃を与え，これまで山に捨てられていた国産のB・C級材がにわかに脚光を浴びてきている（写真6-5)。大手の合板工場はスギやカラマツのB・C級材を確保するために，かなり広範囲の県にまたがって価格協定を結んでいる。

写真6-5　合板用芯材としてのB・C級材の椪積み。黒芯の細い材の中央と右の椪がB・C級材

しかしながら，いずれも木材価格を上昇させる動きにはならず，B・C級材については安価であるからこそ引き合いがあるといった状況である。流通システムの改善により少しは森林所有者側に利益が増えるかもしれないが，木材生産のコストをさらに下げることがポイントになってくる。

また，プレカット工場や合板産業の立場から見ると，ある一定の木材が毎月供給されなければ，工場のラインを止めなければならないという危険性を孕んでいる。日本の林業の一番の問題は，材価が安いことではなく，木材の供給量が安定していないことにある。そのため製材工場と一定の供給契約を結ぶことができず，結局，少量の木材が買い手市場である木材市場で買いたたかれ，材価が安くなるという悪循環をもたらしている。

このような悪循環を解決するためには，施業の団地化により，より広い面積をまとめた森林管理を行い，毎年まとまった量の木材を出材することが必要不可欠である。また，施業の徹底的な機械化を進め，省力化と大量生産による低コスト化を実現する努力が求められる。このように機械化による安価な木材生産を目的とした森林には，短伐期の皆伐施業が適しており，最近は再び見直されつつある。

第5章でも述べたように，生物多様性の持続を考える場合に皆伐施業は基本的に控えるべきであると考えられる。また，環境に悪影響を与える皆伐施業を非難する世論の動きは根強く，非皆伐施業を提唱する事業体が増えている状況である。この中には長伐期施業に移行する事業体が多く，現時点で主伐の方法について具体的な方針を持っていないという無責任な事例も見受けられる。非皆伐施業といっても単木複層林施業や多段林施業のように上層木と下層木の複層期間の長い施業ではなく，漸伐や傘伐のように複層期間の短い施業法，すなわち主伐の前に更新をさせる前更作業を選択することが現実的である。これらの施業は上層木の伐採回数が少ないため下層木の被害が比較的少なく，また強度の間伐に似た作業を行うため機械化による低コスト化が可能になり，広い森林の管理にも適用できる。しかしながら，間伐による木材生産が中心となる非皆伐施業において，毎年安定した木材を供給するためにはかなりの面積の森林を団地化する必要があり，その上で機械化による労働生産性を高めるために路網を十分に整備することが必要条件になる。これらの条件が整わない森林では，小面積の皆伐施業を検討してみる価値があろう。

短伐期皆伐一斉造林施業に代表される短伐期施業は，皆伐を基本とし，集約的な育林施業を行い，30～50年の短期間に森林を成林させ木材を収穫する施業法である。短伐期施業には成長の早いスギが適しており，効率的なバイオマス収穫を望める。しかし，短伐期皆伐一斉造林施業は，農業の概念を森林に持ち込んだだけに，適切な時期の集約的な管理を必要とするため，下刈り不足で苗木が枯れ，多雪地帯では雪起こしをしないと根曲がりがひどくなり，除間伐を怠るともやしのような暗い荒廃した森林になってしまう。短伐期皆伐一斉造林施業は，人件費が比較的安く，林業労働力が豊富にあった時代であったからこそ実現できた施業法であるといえる。

手本とした農業と異なるところは，地形の厳しい林業では機械化による省力化が進まなかったことにある。そのため，近年の人件費の高騰と林業労働力の減少は，労働集約的な森林管理を要する短伐期皆伐一斉造林施業に破綻をもたらしている。この問題を解決するためには大面積の路網整備と徹底した機械化による省力化が必要不可欠である。

皆伐をする場合の伐区の面積があまりに広すぎると生態系への悪影響が懸念

される。近年は大面積の皆伐はあまり見られなくなったが，小面積皆伐であっても隣接して次々に伐区が連なり，最終的に大面積の皆伐地に近い景観になる林地をしばしば見かける。皆伐施業を行ってもよいが，第5章で述べたように生物多様性を面域として維持するために，ゾーニングによる伐区の時空間的なモザイク配置を森林計画段階で心がける配慮が前提条件となる。

バイオマス・エネルギー利用を目指した森林管理

地球温暖化対策としての森林の役割は，二酸化炭素吸収源としてのみではなく，そのバイオマス資源が化石燃料の代替エネルギーとして期待されている。木材をはじめとする森林バイオマスは，再生可能でカーボンニュートラルな資源であり，そのエネルギー利用が注目されつつある。例えば，用材とならない不良材や低質材，ならびに林内に捨てられていた末木枝条などが工場に運び出され，チップやペレットに加工されて，燃材としてエネルギー利用されている。

しかしながら，バイオマスの一般的な価格は，2019年現在，針葉樹チップ用丸太価格の全国平均が6000円/m^3ぐらいであり漸増傾向にあるが，バイオマスだけを収穫して採算を合わせることは難しい状況にある。現実的には生産コストを下げるために，利用間伐を行う森林でバイオマスも同時に収穫することが行われている。

現在はコスト高ではあるが，バイオエタノールへの技術的な道が開ければ，バイオマス資源としての需要も格段に広がるとともに，バイオマスの価格がいくらか上昇することが期待される。森林のバイオマスの需要が高まってくると，バイオマスの短期間の更なる収穫増を目指して，促成樹種を導入することも考えられる。北海道の下川町では，バイオエタノールの原料として休耕地を利用したヤナギの促成栽培を実験的に始めている。ヤナギは萌芽更新を利用して，2年で収穫するという超短伐期でのバイオマス生産を計画している。これらの促成栽培は一般の森林管理とは一線を画した，いわば農地と同じとらえ方で設定するべきであるかもしれないが，今後各地への展開が考えられる。

天然林化を目指した森林管理

第5章で先述したとおり，社会システムの大きな変化などにより人工林を健全に維持することが困難になった場合は，その森林にたとえ豊富な履歴があったとしても，その継続を見直すべきである。要するに，その人工林を木材生産機能すなわち林業対象から外し，天然林に戻すということである。

天然林に戻すといっても，手入れを放棄して，そのまま放置しておけば良いというものではない。人工林は密度管理を適切に行うことで森林の健全さが保たれているのであり，手入れを放棄するともやしのような形状比の高い森林になり，しかも暗い林内は下層植生を失い土壌が流亡し，森林の荒廃を招くことになる。そのため，天然林に導くためにも手入れが必要になる。その方法は強度の間伐を行い，広葉樹の侵入を促進し，針広混交林を目指すのであるが，人工林では強度の定性間伐をしてもすぐに樹冠が鬱閉するため，間伐を繰り返す必要がある。そこで，群状択伐，帯状皆伐，小面積皆伐などにより人工林内にギャップを作ることが現実的である（河原 2001）。

人工林にギャップを空けて広葉樹などの天然更新を促進させるとしても，長期に林内が鬱閉して下層植生の乏しい状態が続いている人工林では天然更新が難しくなる（横井 2005）。また，一面の針葉樹人工林で周りに広葉樹などの種子源がない場合にも天然更新は難しい。このような場合は広葉樹の種子の人工散布，あるいは広葉樹苗の人工的な植栽が必要になる。そして，人工的な手入れが不要になるまでの間，森林の状態を観察し，針葉樹の間伐作業を針広混交林に変わるまで適宜行っていく必要がある。

このように針広混交林化には手間とコストがかかり，経営的に困難な人工林では実現が難しいことになる。しかし，このような手入れは荒廃した人工林を針広混交林化して，公益的機能の発揮を促進することにつながるので，その手入れにかかる諸経費は，地方自治体の公的管理に委ねるか，あるいは環境税などの公的資金で援助をすることが適切であると考える。

◉――もっと詳しく景観生態学について知りたい方にお勧めの本

モニカ・G・ターナー／ロバート・H・ガードナー／ロバート・V・オニール　2004『景観生態学』中越信和・原慶太郎監訳，文一総合出版

◉——参考文献

赤井龍男　1998『林業改良普及双書128　低コストな合自然的林業』全国林業改良普及協会
藤森隆郎　1997「日本のあるべき森林像からみた『1千万ヘクタールの人工林』」『森林科学』19：2-8
藤森隆郎・由井正敏・石井信夫　1999『森林における野生動物の保護管理』日本林業調査会
古橋茂人・北原宣幸　2003『新古橋林業誌——古橋林業の歴史と展望』財団法人古橋会
加藤尚武　1991『環境倫理学のすすめ』丸善
河原輝彦　2001『多様な森林の育成と管理』東京農業大学出版会
近自然研究会編　2004『環境復元と自然再生を成功させる101ガイド——ビオトープ』誠文堂新光社
桑子敏雄　1999『環境の哲学』講談社
林野庁　2002『森林・林業白書　平成13年版』日本林業協会
林野庁　2006『森林・林業基本計画』林野庁
林野庁　2008a『森林・林業白書　平成20年版』日本林業協会
林野庁　2008b『全国森林計画』林野庁
林野庁　2016『森林・林業基本計画』林野庁
林野庁　2018『森林・林業白書　平成29年版』日本林業協会
林野庁　2019『森林・林業白書　平成30年版』日本林業協会
林野庁HP　http://www.rinya.maff.go.jp/j/keikaku/sinrin_keikaku/pdf/taikeizu24.pdf（2019年9月25日閲覧）
森林科学編集委員会　2002「森林の多面的機能の評価に関する学術会議答申」『森林科学』34：62-77
森林基本計画研究会編　1997『21世紀を展望した森林・林業の長期ビジョン——持続可能な森林経営の推進』地球社
スウェーデン全国林業委員会　1997『豊かな森へ——A Richer Forest』神崎康一他訳，こぶとち出版会発行，昭和堂発売
山田容三　2004「環境倫理の視点からみたこれからの森林管理」『森林利用学会誌』18（4）：267-270
Yamada, Y. and S. Kosaka 2013. An Evaluation Model for Improving Biodiversity in Artificial Coniferous Forests Invaded by Broadleaf Trees. *Open Journal of Forestry* 3（4）：122-128
横井秀一　2005「ヒノキ人工林の衰退した下層植生は間伐でよみがえるのか」『平成16年度中部森林技術交流発表集』83-87頁
横山秀司編　2002『景観の分析と保護のための地生態学入門』古今書院
全国森林組合連合会　2012『森林施業プランナーテキスト基礎編』森林施業プランナー協会

【コラム】
林業現場から学ぶ姿勢

私が大学の林学科を志望した動機は，カナダの国立公園のレンジャーに憧れてという単純な理由でした。その夢を実現するために，大学では馬術部に入り，森林生態学を学ぼうと考えていました。しかし，研究室を決める3回生の頃から，誰でも迎え入れてお酒を飲ませてくれる研究室に出入りし始め，そのままそこに居座ることになりました。それが京都大学農学部の林業工学研究室であり，教授は佐々木功先生でした。

その当時，名著『森林利用学序説』を執筆された東京大学農学部森林利用学研究室の上飯坂實教授と京都大学の佐々木功教授は森林利用学の双璧であり，路網理論を追求する学究肌の東大一派と路網設計や施工を研究する現場肌の京大一派に分かれていました。佐々木先生は，中部地域以西の森林所有者から絶大な信望があり，私有林の路網整備と施工をアドバイスされていました。

農学部での佐々木先生の講義は，実のところ，あまりよく覚えていません。いつも同じ講義ノートを使われていて，申し訳ありませんが，あまり面白い講義ではなかったように思います。また，卒業論文，修士論文，博士論文の主指導教官でしたが，あまり指導していただいたような記憶もありません。

しかし，佐々木先生には，林業現場によく連れて行っていただき，いろんな地域の森林を見させていただきました。佐々木先生は，学会や地方大学の集中講義や私有林の路網指導などでたびたび地方に出張されていましたが，お一人で行かれることはほとんどなく，必ず研究室の教官と院生・学生を連れて行っ

写真6-6　三重県の諸戸林産にて（1981年6月）。左から佐々木先生，諸戸民和社長，石原成樹氏（石原林材専務），筆者，酒井先生

てくださいました。研究室には白バスの愛称を持つワゴンタイプの公用車があり，当時助手だった酒井徹朗先生と古谷士郎先生がいつも運転され，北は盛岡から関東甲信越，北陸，中部，近畿，中国，四国まで連れて行っていただきました。時には，藤井禧雄助教授，瀧本義雄助手，沼田邦彦助手が同乗されました。行き先では，必ずその地方の私有林を訪れて見学させていただき，森林所有者と従業員の方々のお話を聞かせていただきました。

中でもよく訪問させていただいたのは，岐阜県郡上八幡市に合併されましたが，日出雲にあった石原林材でした。石原猛志社長は，所有する森林全域に30m/ha以上の高密路網を早くから整備され，複層林施業を実践されていました。常に新しいことを考えては，すぐに実行される方で，いつも刺激を受けました。例えば，枝打ち作業の電動化や，古雑誌を使ったマルチングによる下刈り作業の省力化など。また，全国から私有林の後継者を研修生として受け入れ，担い手の育成にも力を注いでおられました。

いろんな森林と林業現場に連れて行っていただいたことは，今思えば佐々木先生のかけがえのない教育指導だったと思います。「とにかく現場を見ろ，そして考えろ」ということを，佐々木先生は私たち後進に叩き込まれたのだと思います。この林業現場から学ぶ姿勢は，その後の私の研究生活を進める上での基本となりました。大学院修士課程を修了してすぐに，佐々木先生の勧めで入った京都大学農学部附属北海道演習林では，北海道各地の大学演習林や国有林，私有林を見学する機会を得ました。その後，森林総合研究所に異動し，そこでも日本全国の林業現場に出向き，労働科学の調査をさせていただきました。これらの現場体験こそが研究を進める上での私の宝であり，実のところ，この本を書く動機にもなっています。

佐々木先生は，2017年２月に92歳でお亡くなりになりましたが，今の私があるのは佐々木先生のおかげであり，そのご恩は決して忘れません。ありがとうございました。この場を借りまして，ご冥福をお祈りいたします。

◉――参考文献

上飯坂實　1971『森林利用学序説』地球出版

第７章　人工林の見直し

長引く木材価格の低迷により私有林の経営が困難になるとともに，森林所有者の世代交代による森林の細分化と分散化が進み，森林所有者の森林への関心が薄れ，所有森林に対する無関心はさることながら，その所在さえも知らない森林所有者も多くなってきている。その結果，森林の手入れが適切に行われない，主伐後に植林されない事態が発生している。実に83％の市町村が，管内の私有林の人工林の手入れが不足していると考えている（林野庁 2018b）。森林の適切な手入れが行われないと，森林が不健全になり，生物多様性機能や水源涵養機能などの森林の公益的機能の維持ができなくなり，社会的影響や国土保全上も大きな問題となってくる。林野庁の推計によると，私有林の人工林（約670万ha）の約3分の2は，森林経営計画が策定されていないなど経営管理の集積・集約化が進んでいない（林野庁編 2018）。すなわち，小面積所有の上に不在村あるいは森林経営に関心がないため，提案型集約化施業による団地化が進められないという問題がある。そのうちの半分，私有林の人工林のうち約3分の1は，林業経営に適する森林と考えられており，意欲と能力のある林業経営者に経営管理を委託することにより林業的利用を継続してゆく。一方，残りの約3分の1は，林業経営に適さない森林と考えられており，市町村の管理により，自然に近い森林に誘導していくことが求められている（林野庁編 2018）。ここに，森林の有する公益的機能の発揮と林業の成長産業化を実現するために，森林の経営管理の集積・集約化の推進を目的とした森林経営管理法による「新たな森林管理システム」が打ち出された。

1 森林経営管理法と森林環境譲与税

森林経営管理法

森林経営管理法は，2018年5月に国会で成立し，2019年4月から施行された法律である（図7–1）。森林経営管理法（新たな森林管理システム）では，市町村が大きな役割を担うことになる。すなわち，市町村が手入れ不足で荒れた人工林の森林所有者に意向調査を行い，その森林の経営管理を意欲と能力のある林業経営者に斡旋し，また経営管理が困難な人工林については市町村が管理を行うとされている。

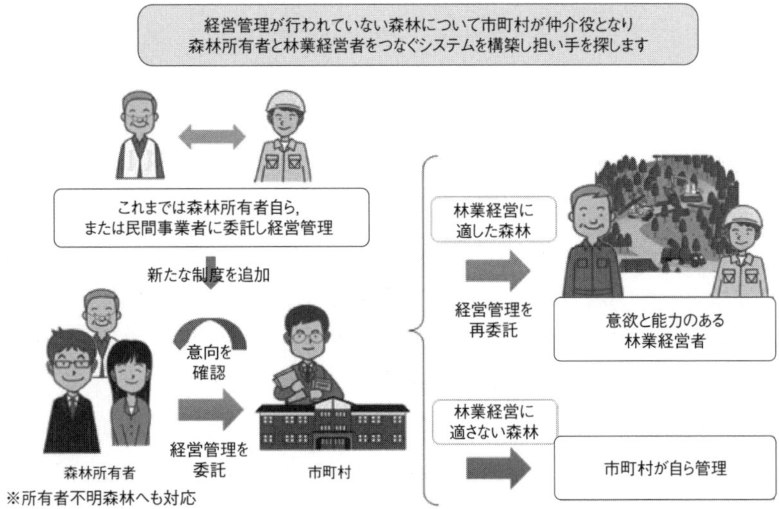

経営管理が行われていない森林について市町村が仲介役となり
森林所有者と林業経営者をつなぐシステムを構築し担い手を探します

これまでは森林所有者自ら，
または民間事業者に委託し経営管理

新たな制度を追加

意向を
確認

経営管理を
委託

森林所有者

市町村

※所有者不明森林へも対応

林業経営に
適した森林

経営管理を
再委託

意欲と能力のある
林業経営者

林業経営に
適さない森林

市町村が自ら管理

図7–1　森林経営管理法の概要
出所）林野庁「森林経営管理制度」。

森林経営管理法では，①適切な経営管理が行われていない森林があることを踏まえ，森林所有者に適切な経営管理を行わなければならない責務があることを明確化した上で，②森林所有者自らが森林の経営管理を実行できない場合には，森林所有者の委託を受けて伐採などを実施するための権利（経営管理権）を市町村に設定し，③その上で市町村は，林業経営に適した森林を意欲と能力のある林業経営者に再委託し，伐採などを実施するための権利（経営管理実施権）を設定する。④林業経営に適さない森林や意欲と能力のある林業経営者に委ねるまでの森林においては，市町村自らが経営管理を行う。あわせて，所有者が不明で手入れ不足となっている森林の場合にも市町村に経営管理権を設定し，経営管理を確保するための特例を措置している（林野庁 2018b）。

森林環境譲与税

森林経営管理法を支える財源は，国税として徴収される森林環境税による森林環境譲与税が充てられる（図7-2）。森林環境税は，個人住民税均等割の枠組みを用いて，2024年から国税として１人年額1000円を市町村が賦課徴収する。しかし，森林経営管理法は2019年４月から施行されるため，森林環境譲与税

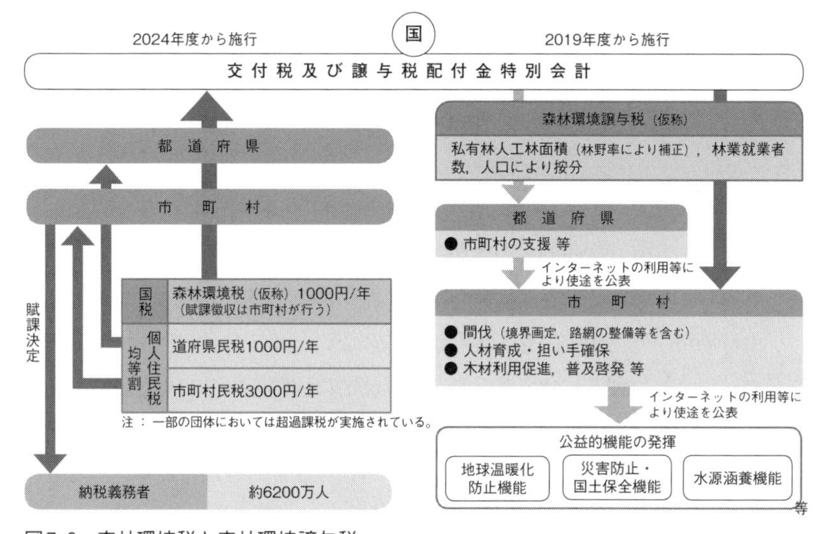

図7-2　森林環境税と森林環境譲与税
出所）林野庁（2018a：5）。

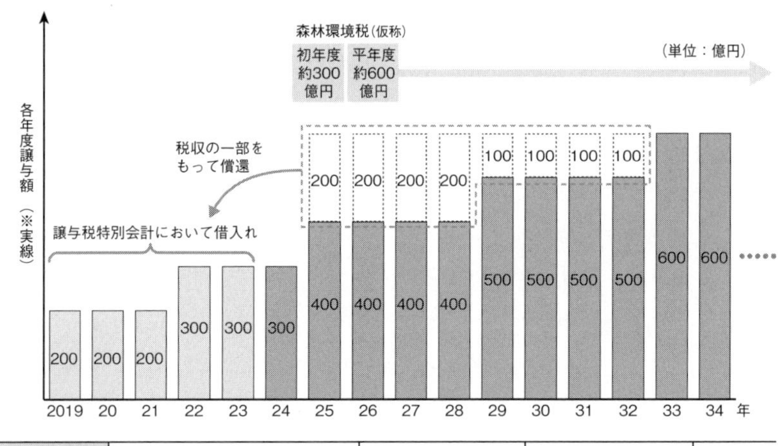

市町村：都道府県の割合	80：20						85：15				88：12				90：10	
市町村分	160	160	160	240	240	240	340	340	340	340	440	440	440	440	540	→
都道府県分	40	40	40	60	60	60	60	60	60	60	60	60	60	60	60	→

図7-3　森林環境譲与税の譲与額と譲与割合
出所）林野庁（2018a：6）。

は森林環境税の徴収開始に先立って譲与が開始される。森林環境譲与税は，私有林人工林面積，林業就業者数および人口による客観的な基準で，市町村や都道府県に対して按分され，市町村の体制整備の進捗にともない，譲与額は2019年度から2033年度にかけて段階的に増加する（図7-3）。

森林の公益的機能を国民が支える

現在は，森林所有者が個人の資産としての森林を木材生産の利益のために管理しており，その中で公益的機能の維持を社会的責任として担っている。しかし，木材価格の低迷が今後もあまり改善されないと考えられる状況で，森林所有者だけに森林管理を任せておくことは経済的に困難である。現在は補助金によってなんとか間伐も行える状況であるが，補助金は間伐や機械購入という単独の目的のために出される補助であり，しかも政策が変われば打ち切られるものであるため，補助金に頼って持続可能な森林管理を実現することは無理である。

森林の所有と公益性の区別の問題はあるが，私たちが恩恵に与っている森林の公益的機能を維持するために，受益者負担の考え方で森林管理に環境税などの公的投資をする必要があると考える。森林を健全に保つということは，公益的機能を維持することであるが，同時に林木の生長も良くなり，当然の事ながら森林所有者の利益にもつながる。これを直接的な利益と見るか，副次的な産物による利益と見るかによって見解は異なるが，公益的機能の維持というメリットの大きさが勝ると考える。

森林環境譲与税は補助金ではなく，国民のひとりひとりが森林を支え，次世代に豊かな森林を引き継いでいくための仕組みである。森林が木材，燃料，水，土砂災害防止，二酸化炭素の吸収など生活に不可欠な資源と環境を提供しており，その恩恵に私たちが与っているのだということを認識することが，森林を身近に感じることにつながる。このように森林を身近に感じる国民が増えてくれば，最終的には持続的に森林を管理する大変さをよく理解してもらうことにつながる。

2 人工林の見直し

人工林不適地の条件

森林経営管理法により自然的条件に照らして林業経営に適さないと判断された人工林については，市町村が公的管理を行い，間伐を繰り返して針広混交林に誘導し，将来的には天然林化を目指すことになる。林業経営に適さない人工林として，以下の条件が考えられる。

①生態的な不適地（地位条件）

造林樹種の生態的な特性に合わせて，標高，気象，土壌，水分条件などが，造林木の成長に影響を与える。林業では適地適木の思想があり，適地では造林木の成長は良くなる。成長した樹高によって地位が区分され，地位には水分条件が大きく影響を与えている。

②アクセスの悪い森林（地利条件）

路網整備が行き届いておらず，道路からの距離が300m以上の森林は，アクセスが悪く，林業経営が行えない。造林した当時は，道路から1時間以上歩くことは問題ではなかったが，車社会の発達した現在では，アクセスの悪さは致命的である。

③傾斜40度以上の急傾斜地

傾斜40度以上の急傾斜地は，転落や滑落の危険性があり，高所作業に該当する。高所作業では安全帯の装着が義務づけられているが，それでは林業作業ができないため，安全面からも林業経営は避けるべきである。

④林業経営の放棄

林業経営の採算が取れず，手入れを行えない人工林で，森林経営管理法において市町村が経営管理を行う対象に該当する。上記の3つの悪条件がない人工林では，意欲と能力のある森林経営者に経営管理を委託することができる。

高瀬（2014）は，愛媛県久万高原町のスギとヒノキの人工林の適地をGIS上で検討し，不適地にあるスギとヒノキ人工林を予測した。なお，予測ではスギ・ヒノキともに6齢級以上（26年生以上）の準林班を対象としている。スギとヒノキの適地の条件は，以下に示す土壌，地質，標高（温量指数）の生態的条件に，対象準林班内を路網の有無を地利条件として入れている。

・土壌条件

スギ：褐色森林土壌，湿性褐色森林土壌，黒ボク土壌，多湿性黒ボク土壌，淡色黒ボク土壌

ヒノキ：褐色森林土壌，乾性褐色森林土壌，黒ボク土壌，淡色黒ボク土壌

・地質条件

スギ・ヒノキ：安山岩質岩石，班レイ岩質岩石，輝緑凝灰岩，凝灰岩質岩石，粘板岩，粘板岩・砂岩互層，礫岩・砂岩・頁岩，黒色片岩，緑色片岩

・標高条件：1280m以下

スギ：気温12～14℃

ヒノキ：気温10～15℃

これらの条件のレイヤーをGIS上で重ねて分析し，スギ不適地の人工林（広葉樹への移行林）は8776ha，ヒノキ不適地の人工林は1180haとなった。なお，スギとヒノキ以外の不適地の人工林は2882haとなった。森林率が90%，そのうちの人工林率が80%を占める久万高原町は，愛媛県で有数の林業地域であ

るが，人工林4万1000haのうちの約1万haが不適地に存在していると予測された（高瀬 2014，図7-4）。

人工林の不適地であっても森林所有者の意向によっては，広葉樹への移行は容易には進まない。しかし，今後は森林経営管理法によって，適切な経営管理が行われていない森林が整理される中で，人工林の不適地のような林業経営が困難な森林は，広葉樹への誘導が進められることになる。

広葉樹導入の可能性

人工林の不適地は，間伐によって林内照度を高めて，広葉樹の侵入を促進することになるが，コスト削減のために一度に50%以上の立木を伐るような強度間伐をしてはならない。形状比が高い状態で強度間伐をすると，風や雪などの気象害を受けやすくなる上に，無立木に近い広い裸地にはササや草本類やフロンティア樹種の中低木類が一気に侵入してはびこることになる。それゆえ，数回に分けて間伐を行い，段階的に林内照度を高めて高木性の広葉樹を侵入させることが理想的である。

また，林内照度を高めたからといって，必ずしも高木性の広葉樹が侵入するわけではない。確かに，日本の植生は強く旺盛であり，裸地ができるとすぐに

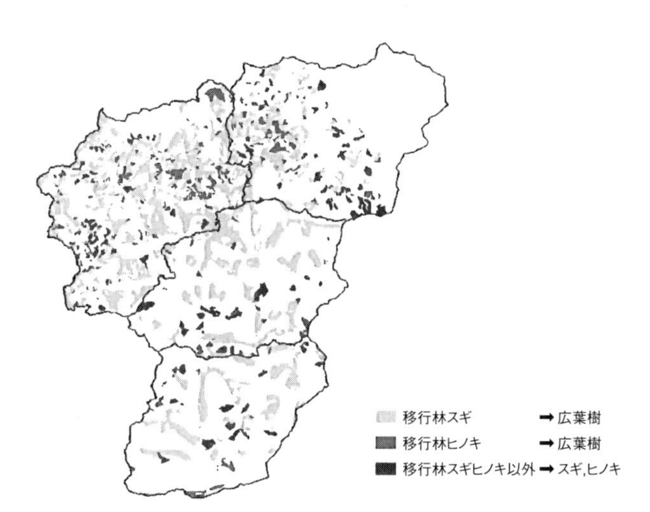

図7-4　久万高原町の造林不適地シミュレーション
出所）高瀬（2014：37）。

草本類とフロンティア樹種で覆いつくされることになる。しかし，高木性の広葉樹類はすぐには侵入せず，植生遷移の中で遅れて現れてくることになる。しかも，人工林内に母樹となる広葉樹があるか，あるいは隣接して広葉樹林がある場合は，高木性の広葉樹の侵入を望めるが，そうでない場合は，前世樹が残っていない限り広葉樹の天然更新は難しい。人工林にする前の世代の広葉樹の種子が土の中に残っており，林内照度が高くなることでこれらの埋土種子が発芽すると期待されることがある。しかし，正木によると，ほとんどの高木性の広葉樹の種子の寿命は4〜5年未満とのことであり，天然更新の当てにはできないことになる（正木 2018）。

広葉樹は子孫を残すために種子散布の戦略を持ち，樹種によって様々な散布形態を取る。もちろん母樹の真下にたくさんの種子が落下するが，母樹の下では更新しにくいので，できるだけ遠くに種子をばら撒く必要がある（正木 2018）。ドングリ状の堅果を持つナラ類はリスやネズミなど動物により母樹からおおむね15m以内の土中に埋められる。羽根がついた種子を持つカンバやカエデ類は風に乗り母樹から30m以内に散布される。ベリー類のなるサクラやミズキは，鳥類の果実捕食による排泄物として100m以上先まで運ばれる。このように高木性の広葉樹の種子散布の範囲はそれほど広くないため，隣接して広葉樹林がない場合は，広葉樹苗による人工植栽をしなければならない。また，鹿は針葉樹よりも広葉樹の方を好むため，広葉樹の人工更新でも鹿害対策をしっかり行う必要がある。

3 間伐の促進

人工林の管理において間伐は森林を健全に保つために最も大切な手入れである。人工林施業では，植栽木がまっすぐに上長成長するように1haあたりに3000本近くの苗木を植えて競争をさせる。これは地域によって異なり，吉野のように1万本/haの密植を行うところもあれば，大苗による1500本/haの疎植を行う地域もある。そのままの立木密度では，胸高直径に対して樹高が極端に高い，すなわち形状比の高いヒョロヒョロのもやしのような林になり，気象害に弱いばかりではなく，自然枯死する木も多くなる。形状比は，以下の式で求められる。

形状比（%）＝樹高（cm）／胸高直径（cm）

また，林内は鬱閉として暗く，下層植生もなくなり，土壌も流亡した極めて不健全な森林になってしまう。このような森林では大雨が降ると，表層崩壊を起こす危険性が高く，またひどい場合には大きな山崩れを引き起こす深層崩壊の原因ともなる。それゆえ森林の生長に合わせて適切な密度管理を行い，形状比が70以下になるように保つことが重要になってくる。形状比が80を超えると風害や雪害を受けやすくなるといわれている（鋸谷 2002）。

密度管理は仕立てたい森林の目標とそれによって決まる伐期によって異なる。例えば，芯持ち柱の生産を目指した森林では，30～50年の短伐期で立木密度の高い密度管理を行い，形状比が高くまっすぐに伸びた直径のあまり変わらない完満材（かんまんざい）に仕立てていく。反対に天井板や家具用の板の生産を目指した森林では，70～100年の長伐期で立木密度を若い時期から低く抑えた密度管理を行い，形状比が低く上にいくほど直径の細るどっしりとした梢殺材（うらごけざい）に仕立てていく。

最近は材価の低迷のため短伐期を目標に密度管理を行ってきた森林を，材価の上昇を期待して便宜的に長伐期にするケースが多い。しかし，ここで気をつけなければならないことは，長伐期に移行するために，強度の間伐を行い，急激に立木密度を落としても，当初の伐期に近い木は十分に太らず，気象害の危険性を高めることである。長伐期を目指すためには20年生の頃から間伐を繰り返し，立木密度を低く抑えて，形状比が低く，気象害に強い森林にしておかなければならず，にわか仕立ての長伐期施業では失敗を招きかねない。計画された密度管理を実現するために，適切な時期に除伐と間伐を実行していくことが求められる。

間伐の目的は概ね以下のようにまとめられる。

➢個体間競争を緩和し，残存木の健全な生育を図る
➢不良木を除去する
➢経営目的にそった林木の量ならびに質の生産を目指す
➢気象害と病虫害への抵抗性を高める

➢下層植生を繁茂させ，表層土壌流失を防止する

間伐の方法は大きく分けて，不良木などの除去と光環境を考えて1本1本の立木を見ながら間伐木を選木する定性間伐と，列状間伐のように立木の性質には関係なく一定量を機械的に間伐する定量間伐に分けられる。定性間伐では，寺崎式と牛山式，最近では鋸谷式（おがやしき）などの選木方法が知られている。寺崎式の樹型級区分は，選木基準として使われてきたが，優勢木6区分に劣勢木3区分の9区分に細分化されて複雑なものとなっていた。牛山式は，樹間距離の概念を入れて，選木基準を隣接木間の比較としてみることで，樹型級区分をよい木，なみの木，悪い木の3段階に簡便化した（林野庁監修 1998）。鋸谷式は，5.65mの釣竿を使って100cm^2の円内の立木本数を数えて1haあたりの立木密度に換算し，本数間伐率が簡単に決定できるようにしている（鋸谷 2002）。

定性間伐では素性の良い健全木を残して，それらが健全に育つ環境作りを行うことを目的に，まず不良木の除去を中心とする下層間伐が行われる。除伐あるいは切り捨て間伐など早い時期に行われる保育間伐は下層間伐が中心となる。しかし，不良木であってもすべて間伐してしまっては，林内に大きなギャップができるような場合は，その配置を見ながら残していくこともある。

利用間伐できる時期に入ると，樹冠の鬱閉状況を見て光環境を考えた立木配置にすることを目的に定性間伐を行う。この間伐は樹冠層を形成する健全木を中心に伐るため優勢木間伐と呼ばれ，この間伐によって生産される丸太は木材市場に出すことができる。なお，優勢木間伐に合わせて不良木の除去が同時に行われるが，これらは切り捨てにされることが多い。優勢木は成長が良いが，年輪が詰まっておらず，長伐期にしても良い品質の材にならないため，早めに伐って利用するという考え方である。

ドイツでは，間伐を始める時期から将来残す木を決めて，その周りの環境を整えていく将来木施業が行われている。将来木はバイタリティがあってクオリティの高い木から選ばれ，生育目標とする胸高直径を決めて，その胸高直径から立木密度を割り出し，将来木として残す本数が決められる。間伐は将来木の成長の競争相手になる木から始め，将来木の樹冠と根のスペースを確保し，将来木の成長を促進させる（藤森 2013）。

定性間伐は，切り捨てになる保育間伐においてはあまり問題とならないが，

利用間伐になると労働生産性とコストの問題が生じてくる。定性間伐では伐採時にかかり木になることが多く，その処理のために時間がかかる。また，集材する場合も林内に分散する丸太を集めることは非効率的であり，集材のための架線を張るラインの確保も難しい。そのため間伐作業の労働生産性は低く，コストのかかる作業になるとともに，伐採や集材時の残存立木の被害も大きくなる。特に，初回の利用間伐のように立木密度が高い場合はコスト高となり，しかも小径木であるため木材価格も安く，コストパフォーマンスが悪くなる。間伐補助金を使ってやっと木材市場に出せるような状況であるが，切り捨てられる場合も多い。現実的には定性間伐といっても，間伐の生産性を上げるために集材するラインを決めて，ライン上の立木を間伐対象として伐採してゆくことになる。ただし，集材ラインがランダムな間隔と長さと方向に入るため，一見すると不自然さは感じられない。言い換えると，よほどよく見ない限り集材ラインは判別できない。

写真7–1　列状間伐

初回の利用間伐や間伐遅れの利用間伐では，定性間伐では採算が取れないため，高性能林業機械を用いた列状間伐が全国的に広まってきた（写真7–1）。列状間伐は1列あるいは2列を全部伐採し，2～4列を残すという定量間伐であり，間伐率は1伐2残と2伐4残で33%，1伐3残と2伐6残で25%，1伐4残で20%になる。列状間伐では不良木や健全木の区別なく伐採列の立木をすべて伐採するため，すべての直径階から間伐を行う全層間伐になる。列状間伐では，選木が不要であり，列状に伐採するためかかり木がほとんど起こらず，伐採列の空間を利用して索張りできるためスイングヤーダーによる集材がしやすく，そして伐採したままの全木を集材することにより林道上のプロセッサによる枝払いと造材作業が効率的に行える（図7–5）。

初回の列状間伐においても残存列の不良木を切り捨て間伐することが望ましいが，2回目の利用間伐は残存列に定性間伐をかけることが適切であろう。2

図7-5　愛知県の低コスト木材生産システム
出所）愛知県（2016：2）。

回目の利用間伐では，列状間伐時の伐採列が空いているため，伐採も集材もしやすい条件となっており，まったくの定性間伐を行うよりも労働生産性が高くなると考えられる。伐採列に植栽を行っているケースも見受けられるが，2段林の複層林施業を目指すならともかく，2回目以降の利用間伐の作業性を考える場合にあまり良い判断であるとは思われない。

列状間伐に対する所有者の不信感はいまだに強く，伐採列を空けることによる気象害を懸念したり，伐採列に隣接する残存列では樹冠の偏奇と年輪の偏心が起きるという危惧を抱いたりしている。しかしながら，近藤の調査では気象害の悪化は確認されておらず，樹冠の偏奇は起きるものの，年輪の偏心とは関係ないことが明らかになった。年輪の偏心は季節風の風向に影響されているとのことである（近藤 2006）。

4 非皆伐施業

非皆伐施業においては，間伐を繰り返して目標とする森林に成林した後，択伐が行われて下層木の更新と上層木の世代交代が順次行われていくことになる。行政では補助金がつく12齢級までの抜き伐りを間伐と呼び，それ以上の林齢での抜き伐りを択伐としている。しかしながら，12齢級を目標伐期としている場合を別として，長伐期施業を行う森林では目標伐期まで本数密度管理の計画を立てて施業を行っているわけであり，目標伐期に達するまでの抜き伐りは保育作業の目的があるので，間伐であると考えられる（写真7-2）。

作業の意味の違いはあっても択伐の作業自体は高齢級の間伐とほとんど同じであるが，選木は上層木の生育のためではなく，下層木の生育のためにウェイトが置かれる。選木にあたっては，立木配置に留意しながら択伐後の林内の光環境を考えて行うことが基本になるが，その他に伐採による下層木の被害，大径木の丸太の集材のしやすさなども考慮すべきである。また，選木は上層木の形質からも判断され，曲がり，二股，腐りなどの問題のある木は択伐対象となる。しかし，すべて木材生産面で優等生の木ばかりにするのではなく，森林の生物多様性を豊かにするために，猛禽類や小型哺乳類の巣穴となるような折損木，枯れた立木，洞のある木などをいくつか残すように配慮すべきである。

写真7-2　170年生スギ人工林の間伐

択伐をする場合は，下層木に配慮しながら，太く大きな上層木を伐出するため，単層林の高齢級間伐よりも手間がかかり，伐出コストが高くなる。それゆえ高密な路網整備と高性能林業機械化が前提条件となる。しかし，高齢級の択伐あるいは間伐作業の方法や伐出コストは未解明な部分であり，1サイクルの伐期を通しての経営収支が評価できない。筆者らが行った調査例では，高齢級になるほど択伐・間伐コストは高くなるが，材価が上昇するため，収支計算をすると利益性が高まることが明らかになった。この結果を用いて，1サイクルの経営収支を短伐期施業と比較すると，若干ではあるが長伐期施業にする方が有利であるというシミュレーション結果を得た（山内 2008）。まだまだ調査事例が少ないため信頼性に乏しいので，今後の研究により長伐期施業の経営収支が明らかにされることを期待する。

伐採木の林冠による下層木の被害が大きいと指摘されているので，択伐による下層木の被害を軽減するためには，伐採に先立って伐採木の力枝あたりまで先行枝打ちを行い，伐採木の林冠を小さくしておくことが効果的である（北原他 1983，藤森 1991）。しかしながら，幹も太く，枝も太い上層木の枝打ちができる機械はいまだなく，かなり高いところまで人が登って行う作業は熟練した技術を要するとともに，危険をともなう作業であり，それゆえ先行枝打ち作業

写真7-3　グラップルによる集材

のコストは馬鹿にならない。

伐採は周りの上層木に被害を与えず，しかも下層木の少ない場所を目指して，基本的に斜面上部に倒すようにする。大径木をピンポイントで方向規制伐採することが要求されるので，もちろん高度なチェーンソーによる伐採技術を要するとともに，くさびやワイヤーなどによる強制的な補助が必要となる。

伐倒された木はその場でチェーンソーによる枝払いを行い，太い枝による下層木と下層植生の被害を軽減する。集材は道路から近い範囲は，車輌系機械のグラップルやウィンチで行い（写真7-3），少し離れたところはスイングヤーダーなどの架線系で行う。架線系の集材は，上げ荷集材を基本として横取りを絶対に行わないようにし，下層木と下層植生の被害を最小限にとどめるように配慮すべきである。架線の張り替えを頻繁に行うためには，スイングヤーダーのランニングスカイライン方式による地曳き集材が適切である。

しかし，どのように下層木に配慮した作業を行っても，被害木の発生は免れない。そのため複層林施業は一般に避けられている向きがある。下層木の被害率を少なく抑えることが技術的課題であるが，被害率を評価する基準がいまだ明らかになっていない。下層木は除伐による密度管理を行わなければならないので，被害木をこの除伐による間引き分にカウントすることによって，単なる被害を受けるというマイナスのイメージに縛られるのではなく，プラス効果に転換することができる。ただし，頻繁に上層木の間伐を行う場合は，下層木の被害が蓄積され，いずれ後継樹がなくなってしまう危険性もある。

5 皆伐施業

木材生産林としてゾーニングされた森林においては，これからも皆伐人工造林が続けられる。しかし，昭和の林業最盛期のような経済性ばかりを重視した皆伐のあり方は，見直されなければならない。皆伐は機械化が進めやすく，まとまった木材を生産できるので，労働生産性が高く，伐出コストを低く抑えることができる。しかし，上層木をすべて伐採することは伐採前の森林環境を激変させ，皆伐地とその周辺の生態系に与える影響も大きなものとなる。その上，皆伐後の人工造林では，植栽前の地拵えで下層木や下層植生まですべて除去し，更地の上に針葉樹の苗木を植栽するため，生態系に与えるダメージはさらに大きなものとなる。

写真7-4　皆伐地と無理な搬出路による荒廃

最近の皆伐面積は，10haを超える大面積の皆伐地は少なくなり，5ha以下の小面積皆伐や1ha以下の群状皆伐が主流となってきている。生態系へのダメージを少なくするためには良い傾向であるが，伐区が年ごとに隣り合って最終的に広大な皆伐地が出現しないように，森林経営計画をGIS上でしっかり立てる必要がある。第6章でも触れたが，皆伐地は小面積にして，時空間的なモザイク配置になるように心がけなければならない。

モラルのない素材生産業者の中には，伐出コストをさらに削減するため，トラクターで木材を出すためだけの搬出路を，環境への配慮もせずに乱暴に入れて，皆伐地全体が崩壊するような後のことを考えない作業をするものもある（写真7-4）。皆伐地であっても森林は木材生産機能だけを目的として造成されるわけではないことを森林所有者も森林計画者も作業実行者も肝に銘じるべきである。その森林の優先される機能が木材生産であっても，その森林を健全に保ち，公益的機能の発揮を促進させることが，森林を所有し管理する者の社会的責任であり使命である。

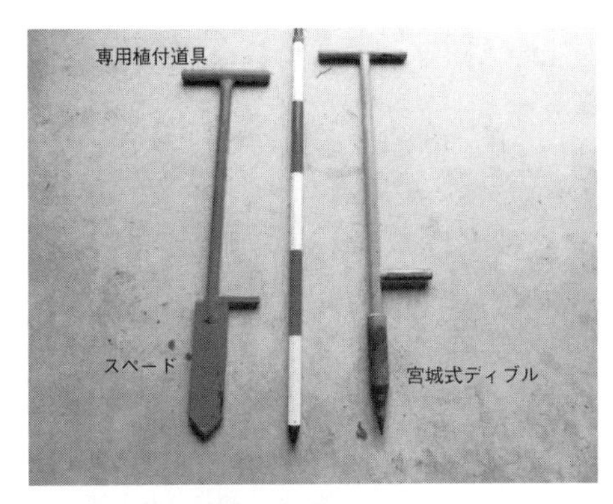

写真7-5　植え穴掘り道具

写真7-6　コンテナ苗（左）と裸苗（右）
出所）林野庁編（2017：14）。

皆伐と造林の一貫作業システム

日本では，会計年度が4月に変わるため，秋から冬に皆伐作業を行う業者と春に植林作業を行う業者の契約が異なり，別業者が入ることが一般的である。そのため，皆伐を行う業者は，先に述べたように皆伐作業の生産性を上げてコストを下げることのみ考えるのに対して，造林作業を行う業者は皆伐跡地を地拵えして，使えない急な搬出路を付け替えて，植栽を行う。使う苗木の性質上，植栽時期が梅雨入り前の春に限定されることが，皆伐と植栽が年度をまたがざるをえない理由となっている。

近年，欧米からコンテナ苗（あるいはポット苗）が導入され，国内でもコンテナ苗の生産がかなり増加してきた。コンテナ苗は，母材と肥料が充填された深さ15cmで直径2～3cmの先の尖った苗床で育てられ，その形のまま出荷される。植栽は苗床の大きさが入る程度の穴を先の尖ったディブルやスペード（写真7-5）で地面に簡単に開けて，そこにコンテナ苗を投入するだけである。コンテナ苗は苗床部分に細根が折りたたまれたネットのような状態にあり，一般の苗木のように床替えや出荷の際の根切りを行っていないので，細根まで損なわれていない（写真7-6）。そのため，活着率が良く，植栽時期も選ばないため，秋植えが可能になる。

このコンテナ苗の利用は画期的であり，皆伐作業後にすぐ地拵えをして，植栽作業が行えることになり，皆伐と植栽の年度をまたいだ非能率的な個別の発

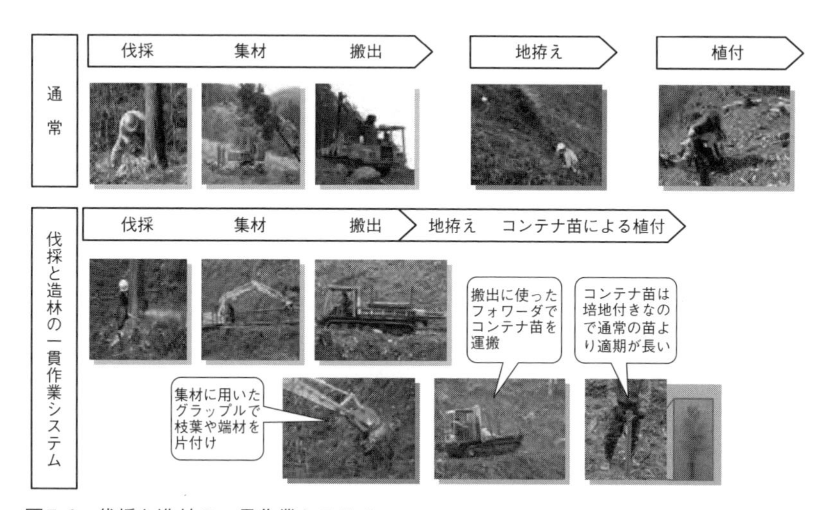

図7-6　伐採と造林の一貫作業システム
出所）林野庁編（2017：12）。

注作業がなくなり，皆伐から植栽までの一貫作業としての発注と実施が可能となる。林業におけるこの改革の意味は，単に複数作業をまとめる効率化と低コスト化の実現のみならず，植栽のために主伐を行うという本来の保続の意義を再認識できるところにある。主伐はゴールではなく，次世代の森林のスタートである。主伐と植栽を別個の作業として扱っている限りは，それぞれの効率化と低コスト化を追い求めるだけになり，この意義になかなか気づくことができない。しかし，一貫作業を行うためには，主伐と植栽の両方を意識せざるをえず，植栽を考えた伐採に気をつけるようになる。

一貫作業システム（図7-6）では，皆伐に使った林業機械を移動せずに，そのまま地拵えに転用することができ，また集材に使ったフォワーダをコンテナ苗の運搬に転用することで，植栽作業の林業労働者の生理的負担を軽減できる。また，最近は鹿による造林木の食害被害が増えつつあり，苗を植栽する前に防鹿柵を周囲に設置して，鹿が造林地に入らないようにすることが求められる。この防鹿柵のためのポールや網などの資材は，かなりの重量になり，人手で運び上げるのに大変苦労している。しかし，一貫作業システムの中で，コンテナ苗の植栽の前に，防鹿柵の資材をフォワーダで運び上げれば，防鹿柵の設置も効率化が進められ，楽になる。

造林木の鹿害対策を考える場合に，非皆伐施業や複層林施業ではひとつひとつの苗木にプロテクターをつけなければならず，大面積の場合は人手もかかり，大変な労力を要する。この観点からも，小面積皆伐は伐区の周囲に防鹿柵を設置することで鹿害から防護できるため，非皆伐施業よりも現実的であると考えられる。

生態系に配慮した皆伐

皆伐による森林環境の改変の影響をなるべく少なくし，森林生態系が原状に戻るのを早めるために，皆伐地内に伐採前の生態系を特徴づけるものを残すことが林業先進国では行われている。スウェーデンの『豊かな森へ』によると，皆伐でも残すべきものは古い針葉樹や広葉樹，実のなる木，春一番に花をつけるヤナギ類，洞のある木，枯死木，先折れ木，倒木などである。これらに加えて遺跡や古道や炭焼き跡など歴史的遺物も残すべきとしている（スウェーデン全国林業委員会 1997）。皆伐地にこれらのものを残すことにより鳥類や動物が生活に利用できるとともに，皆伐によって開けた空間が彼らに新たな餌場や狩り場を提供することにもなる。

カナダで行われている環境共生型伐採（Variable Retention）では，皆伐地がなるべく早く周りの森林生態系に戻るように配慮した取り組みを行っている。まず，伐区を幾何学的な形ではなく，周りの森林と接する距離がなるべく長くなるような不定形とし，伐区の中に島状に森林を残し，樹高幅を基準とする周囲の森林の影響域が伐区の50％以上になるようにしている（図7–7）。また，伐区内に形質のよい母樹を単木，複数本，あるいはグ

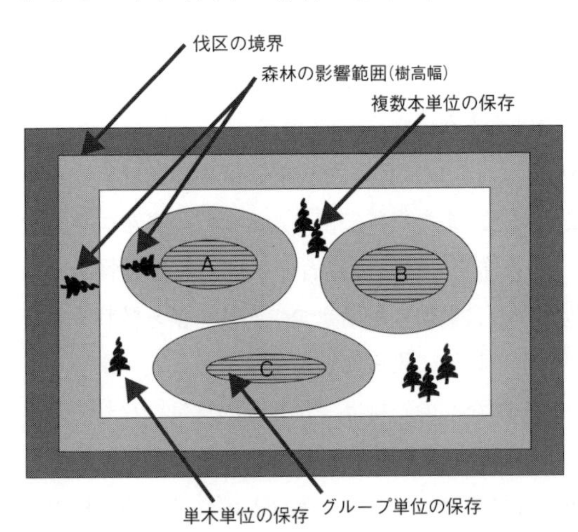

図7–7　環境共生型伐採のイメージ

ループ単位で適宜残している(山田 2005)。伐区内には『豊かな森へ』と同様に伐採前の森林を特徴づけるものを残している。北米では山火事が森林更新を起こす自然の攪乱要因の代表であるため，山火事跡も残されている。

写真7–7　環境共生型伐採

また，カナダの環境共生型伐採では，皆伐地では人工植栽をするが，周りの森林や伐区内に残された母樹からの天然更新を促進している。地拵えは行わず，パイオニア的なダグラスファーの大苗を人工植栽し，最初の7年間だけ必要なところに下刈りや除伐などの手入れを行い，その後は自然淘汰と天然更新による遷移に任せるという方針である（写真7–7)。

日本では下層植生が豊富で旺盛であるため，北米や北欧の技術をそのまま適用することはできないが，伐採前の森林生態系に早く戻すことを目的とした伐採方法や更新方法の考え方は見習うべきであると考える。もとより日本の人工林は，針葉樹の単層林で下層植生が貧弱で，生物多様性の乏しい森林であるが，間伐を繰り返して明るい森林に造成し，尾鷲の速水林業（77頁参照）のような下層木と下層植生の豊富な人工林にすべきである。このような生物多様性の豊富な人工林の生態系を原点として，皆伐をしてもその生態系に早く戻るような日本独自の伐採方法や施業法を開発すべきである。

環境指針と作業規程

林業先進国ならびに熱帯林など森林生態系の破壊が危惧される地域においては，森林管理作業とりわけ伐採作業について作業規定が作られている。作業規定の内容は，作業にともなう森林環境と森林生態系へのダメージを軽減するために，道路の開設，水系の保護，伐採，廃棄物などについて作業者が留意すべき禁止事項や注意事項で構成されている。

日本においては，公的な作業規定は残念ながらいまだ存在していない。そのため環境への配慮は，作業を実施する森林組合や素材生産業者などの林業事業体の判断と作業員の意志に任されている次第であるが，結果的に経済性や作業性が優先され，環境への配慮は後回しにされがちになっている。

我が国で独自の環境指針と作業規定を持っている事業体は，FSC森林認証を受けた森林を除いては数が少ない。環境指針は社会への説明責任としての側面もあるが，経営者の森林管理の理念を全職員と作業員に周知するために重要であり，生態系重視の環境倫理（技術者倫理）を彼らに徹底することに効果的である。また，環境指針に則って作られる作業規定は，各々の森林の健全性を高めるための作業を行うことが基本となり，決して利益追求の掠奪行為に陥らないように戒め，全職員と作業員の環境への意識とモラルを高めることを目的とする。

まず，国が環境指針と作業規定のベースを作り，それを基に都道府県レベルで地域の事情と特徴を考慮した環境指針と作業規定を作るべきである。これにより伐採作業を請け負う林業事業体は，これらの作業規定に規制された作業を行わざるをえなくなる。また，森林組合や素材生産業者自体も独自の作業規定を持って，職員と作業員のモラル向上を図るべきであると考える。環境指針は森林所有者と森林管理者側で持つべきものであり，作業を請負に出す場合はその環境指針を示し，作業を実施する林業事業体はその環境指針を尊重すべきである。いずれにしても我が国の林業作業は，環境面と生態面から見て無法地帯に近い状態であり，早急な環境指針と作業規定の策定が望まれる。

◉――もっと詳しく森林施業について知りたい方にお勧めの本

森林施業研究会　2007『主張する森林施業論』日本林業調査会

正木隆　2018『森づくりの原理・原則――自然法則に学ぶ合理的な森づくり』全国林業改良普及協会

◉――参考文献

愛知県　2016『林業普及資料　林業再生あいちモデル――低コスト林業』愛知県

藤森隆郎　1991『林業改良普及双書107　多様な森林施業』全国林業改良普及協会

藤森隆郎　2013『林業改良普及双書173　将来木施業と径級管理――その方法と効果』全国林業改良普及協会

北原宣幸・山田金二・古橋茂人　1983「非皆伐施業の実践的な基礎要件に関する研究（Ⅳ）――上木の伐倒が稚樹に及ぼす影響について」『第31回日本林学会中部支部大会講演

集』111-113頁
近藤道治　2006「列状間伐が森林環境に与える影響」『森林利用学会誌』21（1）：9-14
正木隆　2018『森づくりの原理・原則——自然法則に学ぶ合理的な森づくり』全国林業改良普及協会
鋸谷茂監修　2002『鋸谷式新間伐マニュアル』全国林業改良普及協会
林野庁監修　1998『林業技術ハンドブック』全国林業改良普及協会
林野庁　2018a「森林環境税（仮称）と森林環境譲与税（仮称）の創設」『林野』131：3-7
林野庁　2018b「森林経営管理法成立——新たな森林管理システム導入へ」『林野』136：3-6
林野庁編　2017『森林・林業白書　平成28年版』日本林業協会
林野庁編　2018『森林・林業白書　平成29年版』日本林業協会
林野庁「森林経営管理制度」https://www.rinya.maff.go.jp/j/keikaku/keieikanri/sinrinkeieikanriseido.html（2019年9月24日閲覧）
スウェーデン全国林業委員会　1997『豊かな森へ——A Richer Forest』神崎康一他訳，こぶとち出版会発行，昭和堂発売
高瀬稔弘　2014「GISを用いた森林機能区分の導入」愛媛大学大学院農学研究科森林環境管理特別コース課題研究
山田容三　2005「生態系を重視した森林管理の新たな取り組み——ブリティッシュ・コロンビア州の環境共生型伐採」『グリーンパワー』8月号：34-36
山内美菜子　2008「長伐期施業における高齢級間伐に関する研究」名古屋大学農学部卒業論文

【コラム】

非皆伐施業複層林のすすめ

古橋家は愛知県豊田市稲武町にある大森林の所有者です。稲武町と長野県に森林を有し，現在は財団法人化されて古橋会となっています。名古屋大学の稲武研究フィールド（旧演習林）は古橋会から森林をお借りしています。

古橋家は代々源六郎を襲名する家系ですが，第6代古橋源六郎暉兒（てるくに）が天保の大飢饉（1833～39年）に遭遇したことをきっかけに，その救済策として村人に植林を奨励し，1834年から天保の植林を始めたことで有名です。最初に暉兒が植林した森林が大井平公園として残っており，300年の伐期を目指して管理が続けられています。

写真7-8　大井平公園で学生達に話される古橋茂人氏

先代の古橋会理事長である故古橋茂人氏は，林業労働力の減少と高齢化，ならびに森林の公益的機能が世界的に重要視される状況を鑑みて，これまでの皆伐一斉林施業を見直し，自然に順応した非皆伐施業複層林に施業転換する試みを始めました。なによりも上木の密度管理を適切に行えば，ヒノキが天然更新するので，造林費と下刈り費が軽減でき，低コスト化と省力化のできる理想的な施業法だと茂人氏は言われました。古橋会では，上木が60年生の頃に強度の間伐，いわゆる受光伐を行い，天然下種更新を促進させます。天然下種更新が適さない林分では人工更新を行うこともあります。2008年現在，古橋会の複層林は20haほどですが，今後も拡大していく方針とのことです。2008年に100年生の複層林間伐を行い，名古屋大学がお手伝いをさせていただきましたが，生産性を高め40年生の下層木の被害を少なくするためには，かなり高密な路網整備が必要だということがわかりました。

古橋会は2007年に大井平公園の170年になるスギ人工林の間伐も行いました。木材価格が下がっていた時期だけにいずれも思い切ったことをされるなと思っていましたところ，茂人氏は「山の手入れが必要なときには，たとえ材価が安くて赤字になろうが，将来の森林のためにやらなければならないことは今やる」という信念をお持ちでした。当時の茂人氏は85歳でしたが，杖を突きながら先頭を切って山を見て回られる，そのかくしゃくとしたお姿が懐かしく思い出されます。林業は大変な時期になっていますが，茂人氏のようなしっかりした信念をお持ちの森林所有者が各地におられ，日本の森林は支えられていることを肌身に感じました。

◉――参考文献

古橋茂人・北原宣幸　2003『新古橋林業誌――古橋林業の歴史と展望』財団法人古橋会

第8章　真の生産性を求める

森林管理の理念と計画が決まれば，次はその実行に入るわけであるが，扱う木はとにかく大きくて重い。兼松が徳島県で行った調査によると，胸高直径20cmのスギの全木重量は264kgになり，30cmで668kg，40cmで1294kgとなり，直径が10cm増えるごとに重量はほぼ2倍（1.9～2.5倍）になる（兼松2005)。これはヒノキでも同様の傾向が見られ，胸高直径20cmで189kg，30cmで393kg，40cmで660kgとスギよりも軽くなっているが，直径が10cm増えるごとに重量はほぼ2倍（1.7～2.1倍）になる。林業機械がない時代は，このように重い木を斧や鋸で伐り倒し，重力，水力，畜力，人力を駆使して，運び出していた。

2000年頃からハーベスタ，プロセッサ，フォワーダ，スイングヤーダー，タワーヤーダーといった高性能林業機械が全国的に普及し，2019年までに1万台近くに達し（図8-1），生産性を高めるとともに，林業労働者の労働負担と労働災害を減らしている。特に，ハーベスタとプロセッサは合わせて高性能林業機械の40％を占め，土場や林道脇での造材作業（枝払いと玉切り）のほとんど

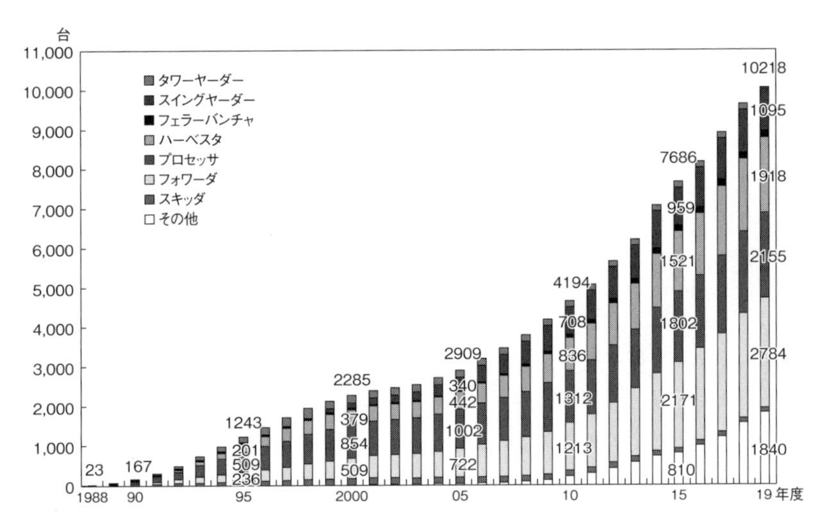

図8-1　高性能林業機械の累計普及台数
出所）林野庁HPより筆者作成。

はこれらの林業機械によって改善されている。しかしながら，伐木作業の機械化は進まずチェーンソーにそのほとんどを頼っており，また，集材作業も生産性に劣る架線系のスイングヤーダーやウィンチが多く使われているため，全国平均すると労働生産性（林業労働者1人あたりの生産性）は漸増傾向にあるものの，2008年現在，間伐作業で3.45m^3/人日，主伐作業で4.00m^3/人日の低い値となっている（林野庁 2011：10–11）。ちなみに，スウェーデンではハーベスタ（伐木・造材）とフォワーダ（集材）システムにより高度機械化を実現し，2005年に30m^3/人日近くに達している（同前：10–11）。

速水勉は，高性能林業機械が普及する直前の1991年に，なぜ林業機械の生産性が上がらないのかという疑問について，「機械の性能を十分に発揮させるためには，そのための環境づくりが必要であり，さらにその機械に適合するための作業手順が必要である。そのいずれかが欠けても期待する生産性の向上は望めない」と述べている（速水 2019：16）。環境づくりとは，急傾斜地の多い日本の森林において，林業機械が森林で働けるように林内道路網を整備（基盤整備）することを指し，作業手順とは，林業機械の組み合わせ，林業労働者の配置，作業のとりまとめ，さらにコストを含めたトータルなシステムを指す。

林業機械化による木材生産の生産性向上と低コスト化は，低迷する木材価格の中で少しでも利益を上げるために必要不可欠な対策ではあるが，生産性を追求するあまり林地を荒らしたり，残存木に傷をつけたりしていては本末転倒になる。常に何を大事にすべきか，最終目的はなにかということを考えて，真の生産性を求めなければならない。

1 林内道路整備と高度な林業機械化

森林の中の道路建設は，自然破壊というレッテルを貼られて，一般にあまり良い印象を持たれていない。確かに，道路建設は木を伐採して，土地の形状を改変し，水系を分断するなど，自然環境と森林生態系に大きな影響を与える行為である。それゆえ，無理な道路設計を行ったり，不適切な施工を行ったり，定期的な維持管理を怠ったりしていると，水による路面浸食を受けたり，盛土が立木を傷つけたり，最悪の場合は山崩れを起こしたり，自然を破壊する危険性が増す。したがって，路網を整備するにあたっては，環境への配慮を重視した路線計画，道路施工，維持管理が求められる。

しかし，もし森林に路網が整備されていなかったら，私たちは森林の中にたどり着くまでにかなりの時間を要し，1日のうちに十分に森林の状態を見て回ることができないばかりではなく，森林内の場所の特定も難しくなる。また，資材の搬入ができないため手入れのための作業は人力で行うことになり，山火事や事故などの緊急時の対応も不可能になる。

このように路網整備のない森林は，自然の状態に保たれているかもしれないが，いわば手を出しにくい状態にあり，認識されるのは総体としての森林ということになる。その結果，大雑把で荒い森林管理を行わざるをえなくなる。それゆえ，現在も将来に渡っても，モータリゼーションの機動力と輸送力を活かした路網整備は，森林管理にとって欠かせないものである。

路網整備の程度と方法は，森林管理の目的と利用する機械システムによって，大きく異なってくる。日本では間伐対策のために小型の林業機械が走行できる簡易な規格の高密路網を推奨してきたが，大径木化する人工林の主伐と大量生産による低コスト化のために，大型の林業機械を導入できるしっかりとした路網が求められている。しかし，ここでも画一的でスタンダードな路網整備が存在しないことをあえて主張したい。路網整備においても，森林の地形，地質，生態系の状況をよく把握し，その上で森林管理の理念と計画を実現するために個々の森林に最適な方法を選択すべきである。

路網の役割

林内路網は森林を人間の身体にたとえると血管網に相当する。血管は身体の隅々まで酸素と栄養物を送り，二酸化炭素と老廃物を回収する。また，病原菌の侵入や組織の損傷を常に見回り，異変が生じた場合はただちに対処することも血管の大切な役割である。すなわち心臓を中心とする血管網によって，人間の身体は管理され維持されている。同様に人間による森林管理を実現するためには，対象とする森林に林内路網をこの血管のように張り巡らせる必要がある。

林内路網は森林から木材を伐り出すという経済的な目的のためだけに整備されているように一般には思われており，そのため環境への影響の大きい道路工事に対する世間の見る目は冷たく，林道建設反対や路網整備不要といった極端な意見が出されてくると考えられる。確かに林内路網の主目的は木材を搬出することにあるが，その役割はそれだけにとどまらない。

神崎は森林作業システム学の教科書の中で，「森林経営基盤として要求される路網の第一の機能は，まず，その森林内部へ，また森林内部からの交通運搬である。この路網は作業者や管理者の林内への交通に用いられ，その森林へ苗木，肥料などの物質，作業用の機械などを搬入し，木材などの生産物を搬出する。その機能はさらにその森林の経済的，社会的な効用を一般の人々に適正に利用させる機能につながっている」と述べている（神崎 1990：51）。

先に林内路網を血管にたとえたが，林内路網を整備することは森林へのアクセスを確保することであり，人間の活動が森林の中に積極的に入ることを可能にする。森林へのアクセスの確保は，林内路網に以下のような役割を持たせることになる。

①林産物の搬出

林内路網の当初の目的は経済的利益の大きい木材の搬出であり，持続可能な森林管理を行う上でも，今も変わらず重要な役割である。

②人間および資材の搬入

森林管理を進める上で，林産物の搬出以上に大事な役割が人間と資材の搬入である。また，ひとつの現場だけではなく別の現場への移動もスムーズに行うことができ，管理作業が楽にしかも効率的に行えるようになる。

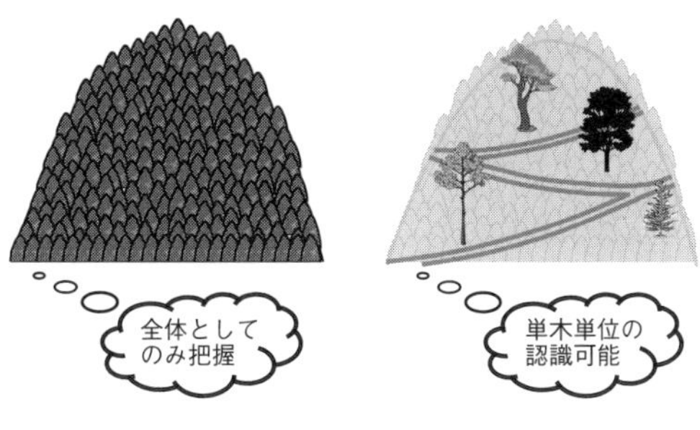

図8-2　路網整備による効果

③森林の単木管理

路網が整備される前は，森林は一塊としてしかとらえることができず，一山いくらで取引されており，基本的に皆伐による施業が行われてきた。路網が整備されると，ひとつの大きな塊であった森林は路網により小さな林分に細かく分断され，人間が認識しやすい単位になる。ひとつひとつの木の存在がその配置まで含めて認識できるようになり，単木単位での森林の取り扱いが可能になる（図8-2）。

④森林の見回りと管理

路網整備により森林の見回りと適切な管理が可能になることも林内路網の大きな役割である。森林を頻繁に見回ることができることにより，森林の生育具合，病虫獣害などの早期発見，気象害の予防と被害木の整理が適切かつタイムリーに行うことができる。

⑤災害時の消火・復旧活動

山火事の消火活動，ならびに台風や大雨による土砂崩れなどの災害復旧の活動に路網は大きな威力を発揮する。

⑥山村住民の交通手段

森林管理とは直接関係しないが，森林内あるいはその奥地に集落がある場合に，山村住民の交通を確保するという社会的な役割がある。

施業に合わせた路網整備

2013年度末の日本の林内道路の整備状態（図8-3）を見ると，公道などと林

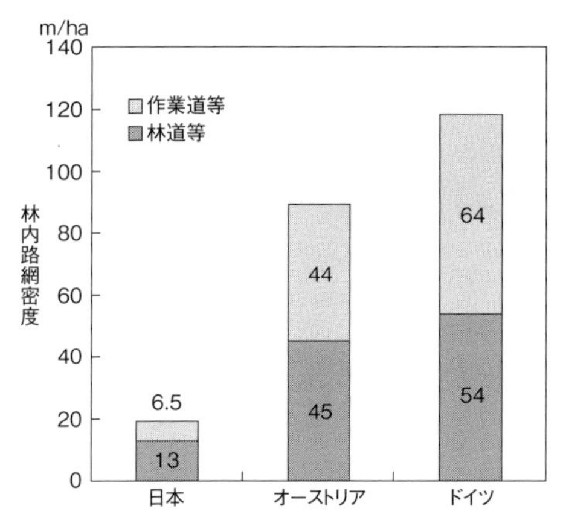

図8-3　林内路網密度の国際比較（2001年度）
出所）林野庁（2011：25）より筆者作成。

道を合わせた道路密度は13.0m/haであった。ちなみに道路密度（m/ha）は単位面積の森林の中に道路がどれだけ整備されているか表す指標である。作業道が6.5m/haあり，合わせて20m/ha弱になる（林野庁 2016：108）。道路密度をヨーロッパの林業先進国と比較すると，2001年度のデータではあるが，ドイツが54.0m/ha，オーストリアが45.0m/haの林道を整備しており，特に地形が急峻なオーストリアと比べても，日本の基盤整備はまだまだ十分であるとは言えない。しかし，そこには端的に急傾斜だけが問題であるのではなく，谷や沢が多くヒダの多い複雑な地形であるという問題，小面積所有者が多く合意形成が難しいという問題，さらに建設費の嵩む林道工事のための行政上の予算の問題も加わっており，日本の基盤整備の進展を遅らせている。

森林管理に必要な道路密度は，そこにどのような管理作業を行い，どの程度の作業量が見込まれるかによって異なってくる。この必要とする管理作業と作業量は，森林にどのような施業法を計画するかにより決まってくるわけであるが，路網が少なすぎる場合は人間のアクセスもままならず森林管理を十分に行えなくなる。一方，路網が必要以上に多すぎる場合は，環境への悪影響が大きくなるとともに，路網の維持管理費が嵩むことになる。

それでは施業法に合わせた最適な路網整備をどのように考えていけばよいのであろうか。まず森林に近づくための大動脈と動脈にあたる基本的な路網を整備することから始めなければならない。この基本路網は，森林の外から森林にアクセスするための公道あるいは林道，森林の中に入っていく林道と林業専用道で構成される（図8-4）。

前者のアクセスのための路網は交通量が多く，できれば積載量10t以上のトラックやトレーラーが走行できるようなしっかりした道路で整備することが望ましい（写真8-1）。いわば人間の身体の大動脈にあたり，人間や機械，資材，林産物が行き交う重要な路網である。この路網が交通量を支えられない規格であったり，災害などが起こりやすい箇所を通過していたり，その上，迂回路がないような場合，動脈硬化を起こしやすくなり，たちまち森林管理に支障を来すことになる。

大動脈にあたるアクセス路網が整備されると，次は森林内の利便性を確保するための林内路網を整備していく。所有する森林にいくつかの施業法が計画されている場合でも，基本的に人間と機械類がある程度の距離まで近づくことができるように，地利条件を整えることを目的として林内路網は整備される（写真8-2）。森林・林業基本計画では，どのような施業でも行える森林管理の基盤整備を行うために，林業労働者が30分以内に到達できる歩行距離を目安として目標となる基本路網の道路密度を算出し，施業法に応じて提

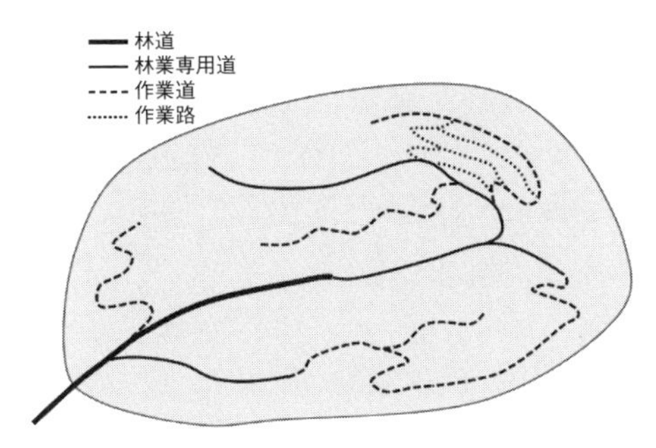

図8-4　路網整備のイメージ

写真8-1　林道（トラックの走る道）

写真8-2　作業道（林業機械が走る道）

示している。

中澤らが愛知県奥三河地区で行った調査結果では，造林作業は年々道路の近くに集中しており，道路から300m以内で行われた造林作業の割合は，1998年の80%から2000年には100%に増加している（Nakazawa et al. 2004)。しかしながら，間伐材を搬出する利用間伐に至っては道路から100m以内で実施する現場が多いようである。例えば岐阜県の加子母森林組合では，道路から50m以上離れた森林は採算が取れないとして利用間伐の対象から外している。今冨は木寄せウィンチのワイヤーロープ引き出しに要する林業労働者の筋力を調べ，その労働科学的限界から作業道の道路密度を求めた結果，地形傾斜が20度では126m/haに，30度では181m/haになることを示している（今冨 1994)。複層林施業では下層木の被害を軽減するためにさらに木寄せ距離を短くする必要があり，伐倒した木をグラップルローダーで掴み出せるように300m/ha近くの高密路網が求められる。ここでは，作業道あるいはそれより低規格の搬出路などによる細部路網の整備を行う。

路網と高性能林業機械

細部路網の密度と配置は，地形条件のみならずどのような伐出機械を使うかによって異なってくる。例えば，基本路網の整備も十分に行き届いていない森林では，長距離の架線集材に頼らざるをえない。この数百ｍに及ぶ架線の架設と撤去には1ヶ月近くの日数と労力を要するため，一度架線を張るとかなりまとまった量の材を出さない限り，採算が取れなくなる。そのため架線集材を行う場合は往々にして大面積の皆伐が行われることが多い。林業労働力が豊富で人件費の安い当時は，それでも造林と育林を行うことができたが，路網が整備されていない奥地を造林して管理していくことは現在では不可能に近いと考えられる。

高密に路網整備が行われている森林では，集材の部分がグラップルや車載ウィンチを使った集材に変わり，さらに地形条件の良い森林においては伐採と造材をハーベスタで行い，集材をフォワーダで行う場合もある。トラックの走行できない作業道や搬出路によって路網整備されている森林では，プロセッサ造材された丸太をフォワーダあるいはトラクターで集材し，トラックが入れる土場まで

表8-1　地形傾斜・作業システムに対応する路網整備水準の目安（m/ha）

<table>
<tr><th rowspan="2">区　分</th><th rowspan="2">作業システム</th><th colspan="3">基幹路網</th><th>細部路網</th><th rowspan="2">路網密度</th></tr>
<tr><th>林道</th><th>林業専用道</th><th>小計</th><th>森林作業道</th></tr>
<tr><td>緩傾斜地（0～15度）</td><td>車両系</td><td>15～20</td><td>20～30</td><td>35～50</td><td>65～200</td><td>100～250</td></tr>
<tr><td rowspan="2">中傾斜地（15～30度）</td><td>車両系</td><td rowspan="2">15～20</td><td rowspan="2">10～20</td><td rowspan="2">25～40</td><td>50～160</td><td>75～200</td></tr>
<tr><td>架線系</td><td>0～35</td><td>25～75</td></tr>
<tr><td rowspan="2">急傾斜地（30～35度）</td><td>車両系</td><td rowspan="2">15～20</td><td rowspan="2">0～5</td><td rowspan="2">15～25</td><td>45～125</td><td>60～150</td></tr>
<tr><td>架線系</td><td>0～25</td><td>15～50</td></tr>
<tr><td>急傾斜地（35度～）</td><td>架線系</td><td>5～15</td><td>～</td><td>5～15</td><td>～</td><td>5～15</td></tr>
</table>

運び出すことになる。フォワーダは走行速度が遅いため高性能林業機械システムの中でも労働生産性の低い機械であり，フォワーダ作業のウェイトが大きくなると全体の労働生産性を著しく低下させることになる危険性がある。林道や林業専用道という基本路網と作業道や搬出路という細部路網の役割を明確に区分して，フォワーダの走行距離をできるだけ短くすることがポイントである。

林野庁は，地形傾斜と機械作業システム別に路網整備の指針を出している（表8-1）（鈴木 2021）。傾斜は4区分，作業システムは車両系と架線系の2種類，路網はトラックの走れる基幹路網（林道と林業専用道）と林業機械が走る細部路網（作業道）に分かれる。林道は15～20m/haと同じであるが，林業専用道と作業道は傾斜がきつくなると密度は小さくなる。また，地形傾斜が35度以上の急傾斜では，斜面崩壊の危険があるため，林業専用道と作業道は基本的に開設しない。作業道は，車両系では密になり，架線系では疎になる。車両系の場合は，基幹路網と細部路網を合わせて150～250m/ha近くの高密路網にする必要があり，伐採する林分では図8-4（147頁）の毛細血管のように作業道や搬出路を配置するのが一般的である。架線系の場合は，50～75m/haくらい路網を整備すれば良いことになる。

2 森林作業の生産性向上と低コスト化

低迷する木材価格の中で木材生産による利益を上げるためには，まず伐出コストを木材価格よりも低く抑えることが求められる。そのためには路網による基盤整備と効率的な作業の機械化が必要不可欠である。機械化によって次の効果が得られると期待される。

①作業員の省力化により人件費を削減できる

②労働生産性を飛躍的に向上できる

しかし，どの林業機械を使っても上記の効果が得られるかというと，そういうわけではない。対象とする森林の地形条件，植生条件，路網の整備状況，所有者の経営状況などによって適用できる林業機械は異なるので，その選択を慎重かつ適切に行わなければならない。林業機械の選択はまず地形傾斜が20度以下なら車両系機械が森林内に入ることができ，20度以上なら道路から車両系機械で集材作業を行うか，架線系機械を使うことになる。次に取り扱う木の大きさと集材する距離によって機械のエンジン出力と大きさを決めることになる。そして，路網整備とも関連するが，施業法や事業量によっても林業機械の選択が異なる。例えば，皆伐作業では1団地からまとまった事業量が見込まれるため集材架線を張ることもひとつの選択肢になる。

システム労働生産性

単独の林業機械の生産速度は，理論上エンジン出力の大きな機械ほど高くなるが，機械の種類によって制限要因が異なる。伐木機械は対象とする木の太さで生産速度が異なり，造材機械は木の太さに長さの要因が加わり，集材機械は木の太さと集材距離で生産速度が異なる。ここで，いずれの林業機械の生産速度にも木の太さがかかわっていることに注意したい。林業機械はパワーがあるため，木の太さが多少変わっても，1本あたりの処理時間はあまり変わらない。すなわち細い木を扱っても，倍近く太い木を扱ってもその処理本数はそれほど変わらないことになる。そのため，太い木を扱えば扱うほど生産速度を上げることができ，現場では高価な高性能林業機械を有効に利用する際の秘訣になっている。ここで，生産速度は生産される木材量を作業時間で除したものであり，生産速度を作業にかかわる林業労働者数で除したものが労働生産性である。すなわち，1人の林業労働者が単位時間あたりどれだけの木材を生産するかという指標（m^3/人/時 or m^3/人/日）であり，これが全ての基本になる。

$S = V / T$　　　　　　$P = V / T / n$

ただし，S：生産速度（m^3/時 or m^3/日）

P：労働生産性（m^3/人/時 or m^3/人/日）

V：生産される木材量（m^3）

T：作業時間（時or日）

n：林業労働者数（人）

林業機械は単独で使われることは少なく，伐木作業は地形傾斜の関係上チェーンソーで行われることが多いが，集材作業と造材作業では複数の機械が同時に使われることが多い。このような場合は，いくら生産速度の高い機械をある作業に入れたとしても，同時に使う他の機械によって全体の生産速度（システム生産速度）は左右される。すなわち，システム生産速度は最も生産速度の悪い機械の影響を受けることになる。

システム生産速度はその作業システムによって計算方法が異なる。直列作業はひとつの作業が終わってから次の作業を行うシステムであり，計算の基本となっている。例えば，伐木をすべて終わらせてから，集材を行い，集材後に造材をするというシステムである。大きな伐出業者などで各作業専属の作業班を有して，いくつもの作業現場を抱えている場合は，作業班が次々に作業現場を変わっていく形で，直列作業システムを行うことができる。直列作業のシステム生産速度（V_0：m^3/時 or m^3/日）とシステム労働生産性（P_0：m^3/人/時 or m^3/人/日）は次式で求められる（吉岡ら 2020）。すなわち，各作業の労働生産性の調和平均を工程数で除したものになる。

$V_0 = 1/(1/V_A + 1/V_B + 1/V_C)$

$P_0 = 1/(1/P_A + 1/P_B + 1/P_C)$

ただし，V_A，V_B，V_C：A，B，C作業工程の生産速度

P_A，P_B，P_C：A，B，C作業工程の労働生産性

2つ以上の作業を同時に行う並列作業では，後続作業あるいは生産速度の高い作業に待ち時間が生じ，作業時間内の稼働率が下がる。稼働率は全体の作業時間に対する各作業の時間割合で求められる。この稼働率の要因を取り入れて，並列作業のシステム生産速度（V_S：m^3/時 or m^3/日）は次式で求められる。また，並列作業のシステム労働生産性（P_0：m^3/人/時 or m^3/人/日）は，並

列作業のシステム生産速度を作業にかかわる総労働者数で除して求める。

$V_S = m \cdot k_s \cdot V_0$　　　　$P_S = V_S/N$

$k_s = (k_{sA} + k_{sB} + k_{sC})/m$

ただし，V_0：直列作業のシステム生産速度

m：作業工程数

k_s：システム稼働率

$k_{sA} + k_{sB} + k_{sC}$：A，B，C作業工程の機械の稼働率

N：総林業労働者数（人）

並列作業はシステム生産速度が高くなるが，同時に複数の作業を行うため，林業労働者の数が増えることになる。作業班の人数は限られているため，まず伐木作業を全員で行い，その後，集材作業と造材作業を並列で行うことが一般的である。この伐木作業を先行して行う場合の一部並列作業のシステム労働生産性（P_T：m^3/人/時 or m^3/人/日）は，集材作業と造材作業を並列作業のシステム労働生産性で計算し，これと伐木作業を直列作業のシステム労働生産性で計算して求める。

$P_T = 1/(1/P_A + 1/P')$

$P' = V'/N'$

$V' = m' \cdot k_s' \cdot V_0'$

ただし，P_A：伐木作業の労働生産性

P'：集材作業と造材作業を並列作業で行うシステム労働生産性

V'：集材作業と造材作業を並列作業で行うシステム生産速度

m'：集材作業と造材作業の作業工程数

k_s'：集材作業と造材作業のシステム稼働率

V_0'：集材作業と造材作業を直列作業で行うシステム生産速度

N'：集材作業と造材作業の総林業労働者数

上記の計算式では，システム生産速度は並列作業の方が直列作業よりも高くなるが，システム労働生産性は直列作業が高くなり，現場の状況によっては一部並列作業の方が効果的な場合がある。筆者らが熊本県で調査した事例では，スイングヤーダーによる集材とプロセッサによる造材とフォワーダによる搬出を並列作業で行う場合と，集材を先行して一部並列作業で行う場合でシステム

労働生産性を比較したところ，一部並列作業の方がプロセッサの待ち時間が少なく，並列作業の場合よりも10～15％ほどシステム労働生産性が高くなった（写真8-3）。

写真8-3　スイングヤーダーとプロセッサの並列作業。左のスイングヤーダーが木寄せした全木材を右のプロセッサがすぐに造材している

並列作業ではどうしても生産速度の高いプロセッサに待ち時間が生じることになり，非効率的である。この問題を解消するために，集材機械と搬出機械の台数を増やすことを実践している素材生産業者も見られる。しかし，そのためにはかなりの台数の機械を揃える必要がありコスト高となる。システム労働生産性を向上することにはならないが，待ち時間を利用して枝条の整理をし，バイオマス生産を行うことも実質的な生産性の向上につながると期待される。

いくら林業機械化を進めてシステム生産速度を高めても，林業労働者数を減らして省力化を進めないとシステム労働生産性を高めることができない。システム労働生産性を高めるためには，林業機械の配置だけではなく，作業現場の条件に合わせた林業労働者の配置も考えたトータルな作業システムを構築することが大事なポイントになる。

団地化と労働生産性

労働生産性は，1ヶ所あたりの木材生産量が多いほど高くなる。林野庁の調査では，1ヶ所あたり50m^{3}以下の木材生産量では労働生産性が1.73m^3/人/日であるが，50～150m^{3}では2.42m^3/人/日，150～300m^{3}では2.50m^3/人/日，300～500m^{3}では2.80m^3/人/日，500～1000m^{3}では3.14m^3/人/日，そして1000m^{3}以上では3.17m^3/人/日と増加している。この理由として，木材生産量が小さな森林は，頻繁に作業現場を移動しなければならず，さらに機械を移動させる場合にはトレーラーを委託しなければならず，実作業時間が短くなることが考えられる。

小規模所有者が間伐あるいは主伐を計画する場合，自力では作業が行えないため，森林組合あるいは伐出業者に作業を請負の形で依頼することになる。基盤整備が行き届いている森林ならオーダーに応じて作業にとりかかることができるが，道路から離れた森林では木を出すために他の所有者の土地を通ることにもなり，伐出コストが高くなるのみならず，他の所有者の了解を得る必要もある。特に，作業道や搬出路を開設するとなると，林地がそれだけ少なくなるので，了解を得ることは難しくなる。このような場合は架線集材を行うことになるが，道路開設ほどの影響はないにしても架線下の支障木伐採をともなう。

道路を開設するにしても架線を張るにしても伐出用の施設を作ることになるので，この機会に作業がまとめて行えるように，周りの森林の所有者に対して間伐あるいは主伐の勧誘が行われる。これによりある程度のまとまった作業が行えるので，労働生産性が高まり，伐出コストを下げることができる。このように作業対象を隣接する森林に広めて，ある程度の面域にまとめることを団地化という。

森林所有者が自ら間伐あるいは主伐作業を依頼してくる場合は良いが，施業放棄あるいは間伐手遅れの森林が増えてきており，森林組合が自ら動かなければ請負や作業委託を取ることが難しくなりつつある。施業の集約化を図るために，森林組合などが森林所有者の森林を調査し，その結果を基にコスト計算を行い，収支見込みを立ててカルテを作成し，森林所有者に間伐施業などの提案を行う。このようなコンサルティングを提案型集約化施業と呼び，森林組合などに属する森林施業プランナーがその推進役となる。森林施業プランナーは認定制度があり，森林所有者に代わって，水源涵養機能や木材生産機能など市町村森林整備計画におけるゾーニングに基づいた面的なまとまりを持つ計画である森林経営計画を作成する。その後，現場技術者への作業内容の指示から実行管理までを行う（森林施業プランナー認定制度ポータルサイト，図8–5）。

機械化のコスト

長伐期の高品質材生産を目指す森林を除いて，材価の安い一般材を生産する多くの人工林では，伐出コストを削減できる高性能林業機械による大量生産に活路を見出すことになる。しかしながら，高性能林業機械は1台が3000万円

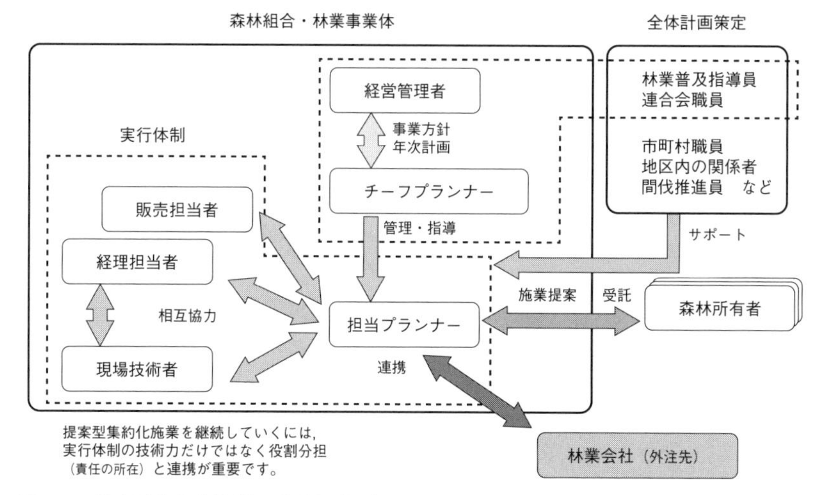

図8-5　提案型集約化施業と森林施業プランナーの役割
出所）森林施業プランナー認定制度ポータルサイト。

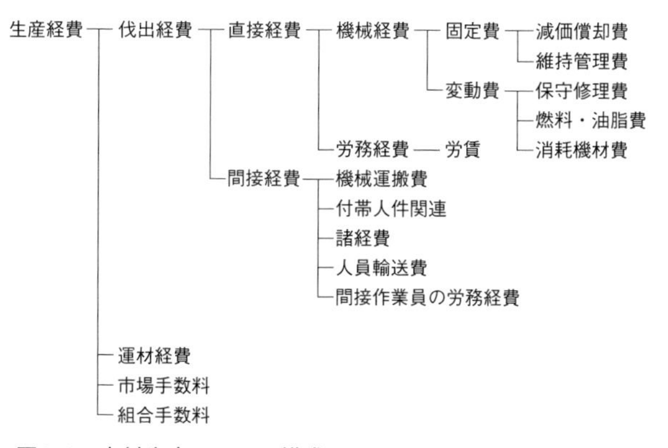

図8-6　木材生産コストの構成

近くもする高価な機械であり，これをスイングヤーダー，プロセッサ，フォワーダの3点セットで購入するとなると，大きな設備投資となる。

機械購入費は購入年度にまとめて計上されるのではなく，機械の法定耐用年数で除した減価償却費で収支計算される。ちなみに高性能林業機械の法定耐用年数は5年である（井上 2001）。例えば，2000万円の機械を購入した場合，価格の1割をスクラップ代（減価償却率）として差し引き，1800万円を5年間で除した360万円が減価償却費になる。それでも年間の減価償却費はかなり高いものであるため，機械の年間稼働日数を増やして1日あたりの減価償却費を下げることがコスト軽減につながる。先の例で見ると，100日稼働して1日3万6000円の減価償却費が，200日稼働すると1日1万8000円に下がる。

高性能林業機械を導入して稼働させる伐出コスト（伐出経費）は，直接経費と間接経費に大きく分けられる（図8-6）。直接経費は機械経費と人件費にあたる労務経費に分けられ，機械経費はさらに固定費と使用量によって変わる変動費に細分される。固定費は減価償却費と維持管理費で構成され，変動費は保守・修理費，燃料・油脂費，消耗機材費で構成される。間接経費は，林業機械をトレーラーなどで作業現場に運ぶ機械運搬費，労災保険や退職金積立を含めた付帯人件関連（労務経費合計の55%），現場管理などの事務経費を含む諸経費（直接経費の20%），会社が作業現場への林業労働者の送迎を行う場合の人員輸送費，現場監督などの間接作業員の労務経費で構成される（井上 2001）。伐出コストを木材生産量で除すと，木材を1m^{3}生産するための素材生産費（円/m^3）が計算される。

伐出コストは森林から木を伐り出し，丸太にして，トラックに積み込める場所まで出してくるコストである。この伐出コストに，木材市場あるいは製材工場まで丸太をトラックで運ぶ運材コストと，木材市場でかかる諸経費としての市場手数料を上乗せすると生産コストとなる。この生産コストが丸太の市売り価格よりも高いか低いかを比べることで，赤字になるか黒字になるかが明らかになる。

2018年現在，スギの中丸太の平均材価が1万3000円前後であるため，生産コストがこれ以下にならなければ，赤字を出すことになる。伐出コストはこれよりさらに4000～5000円差し引いた分になるので，実質8000円/m^{3}以下にしなければ森林所有者の手元に利益は残らないことになる。

高額な高性能林業機械を導入する方法としては，全額自己負担で購入する，補助金を受けて購入する，あるいはレンタルするという選択肢がある。レンタルの場合は月割りあるいは日割りで高性能林業機械を借りることができ，レンタル料には減価償却費，維持管理費，保守・修理費，消耗機材費が含まれている。森林所有者はレンタル料に，燃料・油脂費とトレーラーによる機械の運搬費を加えた出費を見込めばよいことになり，高性能林業機械を自力で購入することのできない中小面積所有者でも利用することができる。補助金としては，国の林業成長産業化総合対策補助金の中で定額3分の1以内（実践体制評価を受け認定されている場合は2分の1以内）の補助金が受けられるほか，地方自治体によっては環境税などの財源からさらに独自の補助金（補助率2分の1以内）を出している場合もある。また，レンタル事業への補助金もあり，高性能林業機械導入に向けた国と地方自治体によるバックアップは続いている。

高性能林業機械を自費で購入，50％補助を受けて購入，レンタルの3つの選択肢について，労働生産性を高低に分けて，年間の木材生産量を変化させた伐出コストのシミュレーションを行った（図8–7）。この試算では，スイングヤーダー（1600万円）とプロセッサ（2000万円）とフォワーダ（800万円）を購入するものとし，レンタル料は月額でスイングヤーダーが50万円，プロセッサが60万円，フォワーダが40万円とした。林業労働者は1班4人体制で行うものとし，伐木作業は4人全員で先行して行い，集材作業はオペレーター1人と荷掛け手1人，造材作業はオペレーター1人，集搬作業はフォワーダ1人の並列作業とした。労働生産性の違いは，どちらも地形傾斜30度の森林内の間伐作業として，高いケースをスギ50年生の胸高直径が30cm，樹高20mとして労働生産性を8.37m^3/人/日と設定し，低いケースをスギ40年生の胸高直径が20cm，樹高18mとして労働生産性を4.30m^3/人/日と設定した。

図8–7中の斜めの直線は年間作業日数を示しており，労働生産性が高い場合は年間225日稼働で8000m^{3}を処理できるが，労働生産性が低い場合は225日稼働しても4000m^{3}がやっとである。労働生産性が低い会社で，年間6000m^{3}以上を扱うことになった場合は，もう1セット同じ機械システムを導入するか，よりシステム生産性の高い機械システムに変更する必要がある。しかし，もう1セット導入する場合は林業労働者も倍になるため，労務経費を考慮すると，高くても生産性の高い機械システムを購入する方が安くなる場合もある。

レンタル経費は年間事業量が増えてもあまり変化しないが，購入する場合はいずれも年間事業量の増加とともに伐出コストが下がる。これらの曲線がレンタルコストの直線と交わるところが損益分岐点であり，50％補助で購入する場合は，労働生産性が高い方で7500m³，低い方で4000m³より年間事業量が多くなるとレンタルするよりも有利になる。この損益分岐点の年間稼働日数を見ると，いずれも220日あたりになる。すなわち，高額な高性能林業機械を導入すると年間220日以上稼働させなければ赤字になる危険性があり，それだけの事業量が確保できない場合はレンタルを考えるべきである。高性能林業機械を

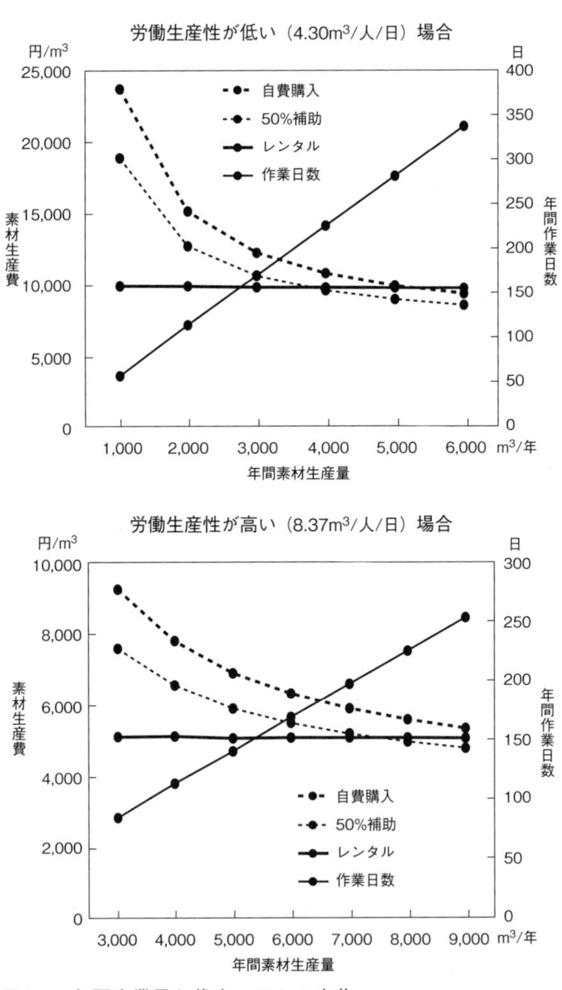

図8-7　年間事業量と伐出コストの変化

3台以上使ったり，部分的にレンタルしたりと，会社によって高性能林業機械の保有状況が異なるため，それぞれにシミュレーション計算をする必要がある。条件を変えたとしてもトータルで比較してゆくと，高性能林業機械を年間220日以上使えるかどうかが，レンタルするか50%補助を受けて購入するかの判断ラインになる。

運材コストとサプライチェーン

先述したとおり，小面積所有の私有林から不定期に出される木材は，出材量が少なく，おまけにその品質もバラバラであり，大口の直接取引ができない状況である。そのため市場取引による買い手市場となり，市場で丸太を探す製材会社やブローカーは安く購入することが市場原理であるため，価格は低くなりがちである。

製材会社は丸太を板や柱に製材して，それらを加工業者に売り，加工業者が建築材や家具に製品化して，一般消費者に届けることになる。現状の木材流通の仕組みでは，木材市場から消費者に製品が届くまでの間に数社の手を通っており，そのひとつひとつで利益を取るため，木材市場では安い価格で取引された丸太が，消費者の手元に届くときには高い製品となっている。安く原料を購入して，高く製品を売るという市場原理が，流通過程のいくつもの段階で働くことで，結局，弱い立場の森林所有者には，安い木材価格という形でしわ寄せがいっている現状である。

なおさら木材の流通を不可解なものにしていることは，高品質な木材を有名林業地の木材市場に回すブランド化である。これは世間で問題となっている産地偽装に他ならないが，品質重視の木材業界では古くから慣習的に行われている。このブランド化の流通ルートに詳しいブローカーが，地方の木材市場から良い材を見つけては有名林業地の木材市場に転がし，利ざやを稼いでいる。ときには，北海道のミズナラ材が東京の木場の木材市場に出されて，それがイギリスに渡り，天然オーク材として丸太の購入価格の何十倍もの値段で取引されることもある。

そこで，木材所有者から製材業者，そして消費者へ流通ルートを直結する産地直送の取り組みが，住宅建築の分野で最初に手がけられた。木材生産を請け負う森林組合が製材工場とプレカット工場を持っている場合もあり，木材市場や製材工場や問屋を飛ばして，直接工務店に製品を卸すことができる。この流通ルートの改善により，消費者はこれまでよりも安く製品を購入することができるとともに，森林所有者はこれまでよりも高く木材を売ることができる。

21世紀に入る前後から，外国産材の輸入が困難になり，木材業界に変化が現れつつある。その原因のひとつは，中国とインドの経済発展にともなう木材需要量の増加である。これまで主に日本に向けて輸出を行ってきたロシアや東南アジアが，中国とインドにその輸出先を変えつつある。もうひとつの原因として，木材輸出国が環境保護を理由に丸太の輸出に規制をかけるとともに，違法伐採の取り締まりを強化していることである。

合板業界はこの外国産材の輸入困難の影響を直接受けている。これまで合板の芯材に安価な東南アジアの広葉樹材やロシアの針葉樹材を使っていたが，その量的な確保が難しくなってきた。このような事情の中，これまで採算が取れないため林地に捨てられていたB・C級の間伐材は，安価であり，しかも緊急間伐促進対策で大量に発生するので，合板の芯材として注目されている。北陸に2つの合板工場を持つ林ベニヤは，間伐材を北陸3県のみならず，京都府，岐阜県，愛知県からも集めている。京都府とは年間の受け入れ協定を結んでいて，木材市場を通さない協定価格での購入を行っている。しかしながら，安い価格が魅力であるため，協定価格といえどもそれほどの上乗せは期待できない。むしろ林内に捨てていた木材が売れるようになったというメリットが大きい。

また，地球温暖化問題を契機として，流通過程でのエネルギー消費と二酸化炭素の排出量が少ない国産材あるいは地域産材が見直されつつある。ここに，価格は安くても輸送にどれだけのエネルギーを消費して二酸化炭素を排出しているかを表示するフードマイレージと同じ発想のウッドマイルズが提案されている（藤原 2004)。地球温暖化問題を契機に国産材の需要が高まり，自給率が回復することが期待される。

このような中で林野庁は木材の供給体制と流通システムの改善を目指した新生産システム構築事業を全国11ヶ所のモデル地域で展開している（林野庁 2006)。市場をとばして製材工場あるいは合板工場に直結した流通ルートにおいては，品質の保持と供給量の確保が問題となる。なぜなら工場では一定量の

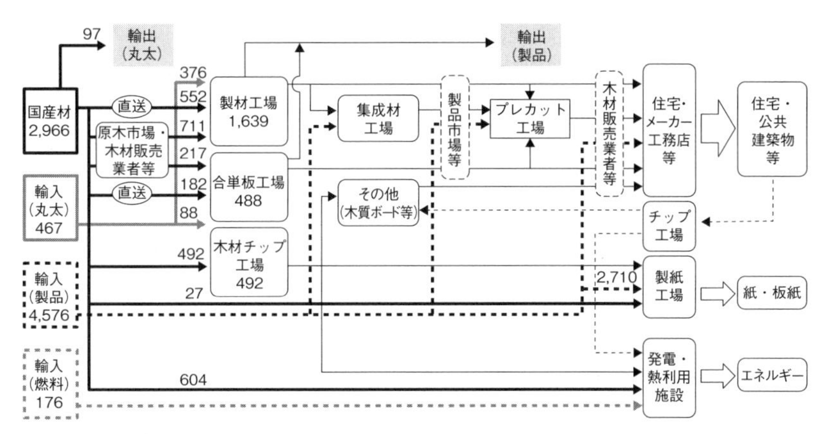

図8-8　木材のサプライチェーン（単位：万m³（丸太換算））
出所）林野庁（2019：171）。

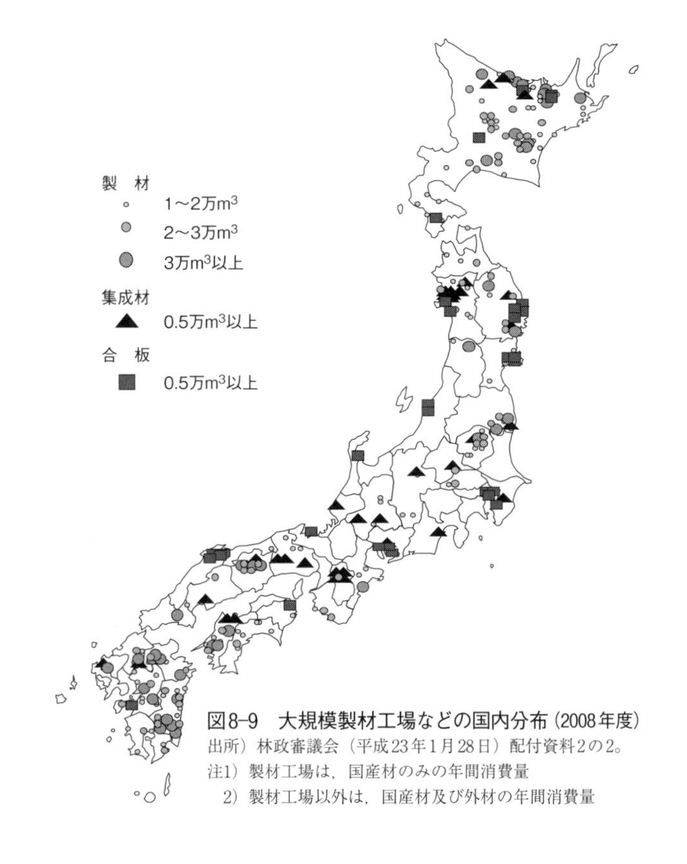

図8-9　大規模製材工場などの国内分布（2008年度）
出所）林政審議会（平成23年1月28日）配付資料2の2。
注1）製材工場は，国産材のみの年間消費量
　2）製材工場以外は，国産材及び外材の年間消費量

製品を製造するためにラインを常に稼働させる必要があり，そのために一定品質の材の安定供給が条件となるからである。もしこの条件がクリアされるなら，市場価格よりも有利な協定価格を結ぶことも可能となり，森林所有者への利益の還元が期待できる。

2017年現在，国産材の31.3%は原木市場などに出され，24.7%が製材工場や合単板工場に協定取引で直送されている（図8-8）。まだ国産材は市場に出される方が多いが，将来的には協定取引のシェアが増えてくるものと思われる。また，製紙工場にチップなどで出される国産材は17.5%を占めるが，バイオマスエネルギーの方が20.4%と多くなっている。

2008年現在，偏りはあるものの日本全国に大規模な製材工場，集成材工場，合板工場が分布している（図8-9）。近くにある大型工場との協定取引を結べば，強力なサプライチェーンが構築できる。また，高級材を出す原木市場，チップを受け入れる製紙工場，バイオマスを受け入れるバイオマス発電所とのつながりをつくることでサプライチェーンがより柔軟かつ堅固になってくる。

そこで問題になるのがトラックによる運材距離である。積載量の大きなトラックを使うほど運材コストは安くなってくる。しかし，日本の道路状況は悪く，特に林道に至るまでの山間部の公道の多くは道幅が狭く，カーブも急であるため，大型のトラックやトレーラーが進入できない。そこで，一般的に使用される運材トラックは，4t車や6t車であり，条件の悪い地域では2t車が使われることもある（写真8-4）。愛知県における4t車の調査では，10kmの運材コストが2625円/m^3であり，10km増えるごとに700円上がってゆき，50kmで

写真8-4　4t運材トラック

写真8-5　20t運材トレーラー

は5434円/m^3になる。これでは，伐出コストを7000円/m^3に抑えても，運材コストを加算すると1万2000円を超えてしまい，儲けがなくなってしまう。ところが，九州における10t車の調査では，10kmが1000円/m^3であり，20kmで1200円/m^3，30kmで1300円/m^3，40kmで1500円/m^3，50kmでも1800円/m^3に収まる。地域内の大規模工場に直送することを考えると，積載量10t以上の運材トラックかトレーラーを使う必要がある（写真8-5）。その現実的な解決策としては，国道あるいは都道府県道沿いの開けた広い場所にサテライト土場を設けて森林からの木材を集積し，ここから大きなトラックやトレーラーに木材を積み替えて大型工場に直送する2段運材が有効である。

3 真の生産性とは？

林内道路は森林を管理するために入れるのであって，山を崩すために入れるのではない。また，間伐は残存木の生長を促進するために実施するのであって，残存木を傷つけていては意味がない。生産性とコストを追求するあまり，残った森林あるいは林地を破壊していないだろうか？　真の生産性とはなんであろうか？　森林管理で求める真の生産性とは，林業的には最終的な主伐での生産性であり，環境的には公益的機能の発揮を求めることではないか？　すなわち森林を健全に保つことであり，そのためには路網整備，機械整備，人材の確保など先行投資を考えるべきであり，決して近視眼的な目先の作業の生産性やコスト削減を追い求めるべきではない。必要なら，現在は赤字でも間伐などの手入れを進めるべきこともある。この節では，森林を荒らす原因にもなる路網整備と間伐について気をつけるべきポイントを押さえる。

路網と環境へのインパクト

道路を森林内に開設するということは，道路の幅員に左右の法面（のりめん）の長さを加えた幅で森林を伐り開き，地山を切り崩して平らな路面を斜面の中に造り出すという地形の改変を行うことになる。森林の伐開の幅と地形の改変の程度は，開設する道路の規格により決定されることになる。すなわち，トラックの走行できる基本路網となる林道や林業専用道では，これらの程度は大きく，細部路網となる作業道や搬出路では小さくなる。

森林の伐開と地形の改変による森林環境への影響は，切取法面による水系遮断，風道ができることによる乾燥化，林内照度が高くなることによる林縁植生の侵入などが考えられる。道路に面した林縁からの乾燥と林縁植生の侵入は，鬱閉された林内環境で生息するスペシャリストなど固有種に影響を与えることになる。

林縁植生の中には，その土地の固有種だけではなく，車や人によって運ばれてくる地域外の植物の種やときには外来種が持ち込まれ，遺伝的な問題を引き起こす可能性がある。特に，法面の浸食防止に行われる植生工には，生育の良い外来種である牧草が使われることが一般的であるため，遺伝的な問題が指摘されている。この問題に配慮して近年では，その土地の広葉樹や草本類の苗や種を積極的に用いる動きが一部で見られ始めている。

写真8-6　不適切な林道施工で荒れた森林

写真8-7　作業道のゴム製横断排水施設

これら森林生態面の影響もさることながら，道路建設にともなう最も大きな環境への影響は水系の遮断であると考えられる。切取法面によって遮断された水系は，道路下部の森林の水分条件を悪くするとともに，行き場を失った水は路面を流れ，集中した水は路面を浸食し，そして低いところを見つけると林内に流れ落ち，路面と盛土法面を崩壊させ，最悪の場合は山崩れを引き起こす（写真8-6）。このように森林の水分条件という森林生態面の問題のみならず，法面崩壊の危険性という防災上の問題を含んでおり，その対応が重要である。

林内道路の建設の成否は，この水の処理の如何にかかっているといっても過言ではない。路面に水を走らせず，地山の固いところでこまめに林内に水を逃がし，とにかく水を道路の中に集中させないことが肝要である。大橋式では，切取法面側の側溝を設けず，路面を緩やかに谷側に傾け，路面に現れた水が下方に流れ落ちるようにするとともに，道路は「谷部を高く，尾根部を低く」して，地山の固い尾根部での排水を提唱している（大橋 2001）。

林道では切取法面側からの流出水を集める側溝を設け，この水を谷側に排水するとともに路面を流れる水を集める横断排水溝を適宜設けることが林道規定で決められている（写真8-7）。水の性質を知るために大雨の日に路面を流れる水の状態を観察し，横断排水溝を入れる箇所を特定するなど適切な措置を講じることが，その森林と道路に合った排水の仕方の基本になる。横断排水溝は，道路の勾配（縦断勾配）が急になるほど，狭い間隔で入れる必要があり，次式で求められる。この式より，10％勾配で21m間隔，15％勾配で12m間隔，20％勾配で8m間隔と計算される（鈴木 2021）。

$$Lmin = 2.17\left(\frac{-2.74}{\ln(S/100)}\right)^{-2.74}(S/100)^{2.74/\ln(S/100)}$$

ただし，Lmin：最小横断溝間隔（m）

　　　　　　S：縦断勾配（％）

道路建設上のもうひとつの水の問題は谷渡りである。谷密度の高い我が国の森林では，等高線に沿ってトラバースする道路を建設する場合，多くの谷を横切ることになる。常に流水のある谷には橋かボックスカルバートなどによる暗渠を設け，降雨時に流水のある枯れ谷にはコルゲート管の暗渠を設けることが一般的である。

しかし，ひとつひとつの谷に橋や暗渠などの施設を作ることは，林道以外の規格では経費的に難しい。また，コルゲート管の暗渠は降雨時の流水量の予測が難しく，管径が細すぎるとオーバーフローしてしまうとともに，管の中に土砂が貯まり機能しなくなるケースもよく見受けられる。最近のように集中的な豪雨が起きやすい気候条件では，予想をはるかに超える流水の発生する危険性が高くなり，道路建設ではその対応も考えていくべきである。

写真8-8　沈下橋（洗い越し）

ひとつの解決策として，沈下橋（洗い越し）が有効であると考えられる。これは道路の下に川を流すのではなく，道路の上に川を越流させる方法である（写真8-8）。橋をかけるよりも安価に建設でき，どのような水量にも対応できるところがメリットである。降雨時のみ水流が現れる枯れ谷にも，常時水流のある小川にも適用が可能であるが，大量出水時に川を渡ることができなくなるという欠点もある。

基本路網は常に通行できる状態に維持管理する必要があり，大雨や台風などの後は路網を巡回し，路面浸食，崩れている箇所，埋まっている側溝や排水管を確認し，必要なところには補修工事を行う。他にも，雪解け後の路面整理，落石や倒木の除去，車の走行と運転手の視界の邪魔になる植生の道刈りなどの維持管理作業がある。

これらの維持管理コストは，道路の路線配置と構造により異なってくるが，水の処理が上手にできているかいないかで大きく変わってくる。水の処理が上手くいかず，たびたび路面浸食や法面崩壊を起こしている路網では，補修費が嵩み，毎年の維持管理コストが高くつくことになる。

間伐作業と支障木

間伐を行うと，伐木の際に当たったり，集材の際に集材木や機械が当たったり，ロープが擦れたりして周りの残存木を傷めることがある。特に，単木の定性間伐は周りの木を傷めがちであり，伐採列を最大斜面方向に設定する列状間伐は比較的被害が少なくなる。被害の形態としては，根系損傷，樹皮剥離（写真8-9），材損傷，樹幹傾斜，幹折れに区分される。これらの中でも，樹皮剥離と材損傷は頻繁にみられる残存木被害であり，間伐作業を行うとある程度は避けられない被害であると考えられる。それだけに丁寧な作業を心掛ける必要があるが，生産性を追求するあまり粗い作業を行うと，周りの木をより多く傷つ

写真8-9　樹皮剥離

写真8-10　樹皮剥離
出所）近藤（2006：11）。

けることになる。

近藤は，残存木に損傷が発生すると，樹種によっては損傷部分から変色や腐朽が予想以上の速度で広がることがあり，間伐作業では残存木損傷を可能な限り軽減しなければならないと報告している（近藤 2006)。写真8-10のカラマツは，損傷を受けてから16年間で損傷部分の断面積の40%が変色し，さらに上方に向かって2m以上の変色が発生していた（近藤 2006)。水分の多いスギの場合は，小さな樹皮剥離や材損傷であっても，必ず木材腐朽菌が剥き出しになった形成層や木質部に侵入し，木部の変色や腐朽を引き起こすようである。したがって，間伐作業中に周りの残存木を傷つけないように気をつけるとともに，作業終了後は，できるだけ早く傷ついた箇所にタールやクレオソートなどを塗布して，傷部を保護する必要がある。

筆者が愛知県の170年生スギ人工林の間伐材を調査した結果，木質部に変色と腐れが入った材質の悪い木が20%を占めていた。長年にわたって繰り返し行われてきた間伐作業中に樹幹の地際部が損傷を受け，そこから木材腐朽菌が入ったものと考えられる。これらの損傷は間伐作業中に直接傷つけられたものばかりではなく，間伐作業あるいは他の作業中に発生した落石などによって間接的にも発生することがある。また，鹿による樹皮食害や角研ぎによる樹皮剥離が，幼樹や若木だけではなく壮齢木でも発生しているので，人為による被害だけとは限らない。

1に安全，2に環境，3に生産性

労働生産性を向上させることは低コスト化に向けた至上命令であり，このために研究開発が行われ，現場での試行錯誤が積み重ねられてきた。しかし，その場限りの労働生産性を追求するような姿勢に陥ってはいけない。労働生産性を追求するあまり現場に無理な作業を強いて，過労や事故の危険性を増やすことになっては，事業体にとっても大きな損失となる。そのようなことが起きないように現場作業員の安全性を第一に考えるべきである。また，労働生産性を追求するあまり周囲の残存木や土壌への配慮を欠いた荒い作業を行っていては，将来的に，しかも確実に森林を劣化させることなり，森林管理のための作業という本来の目的を見失うことになる。森林を守り育てるという森林管理の本質を見失わないために，森林環境と森林生態系への配慮を第二に考えるべきである。そして，最後に労働生産性を少しでも高める努力をすべきである。経営収支面でのやりくりがつかなくなった場合は，周りを顧みずにただ労働生産性を高めることに走るのではなく，一旦は作業を中止して，他の作業法を検討したり，他の資金の導入を考えたりして，解決策を模索した上で再度とりかかる余裕を持つべきである。とにかく森林を荒らしてしまってからでは，取り返しがつかないことを現場の作業員は忘れるべきではない。

◉——もっと詳しく生産性とコストについて知りたい方にお勧めの本

吉岡拓如・酒井秀夫・岩岡正博・松本武・山田容三・鈴木保志　2020『森林利用学』丸善出版

鈴木保志編　2021『森林土木学』第2版，朝倉書店

◉——参考文献

藤原敬　2004「森林所有者と消費者の距離を考える——ウッドマイルズ研究会の目指すもの」『森林組合』410：10-15

速水亨　2019「豊かな森林経営を未来に引き継ぐ——林業家からの発信」熊崎実・速水亨・石崎涼子編『森林未来会議——森を活かす仕組みをつくる』築地書館

今冨裕樹　1994「労働科学的視点からみたトラクタ集材路間隔」『日本林学会誌』76（5）：402-411

井上源基　2001「伐出コストを算出しよう」井上源基他『機械化のマネジメント』全国林業改良普及協会，164-194頁

兼松功　2005「立木の全木重量について」『林業とくしま』273：8-9
神崎康一　1990「森林経営基盤としての路網計画」上飯坂實・神崎康一編『森林作業システム学』文永堂出版
近藤道治　2006「列状間伐が森林環境に与える影響」『森林利用学会誌』21（1）：9-14
Nakazawa, M., T. Matsumoto and Y. Yamada 2004. Analysis of current forest operations in the Okumikawa Forestry Area by location and topography. *Journal of Forest Research* 9（3）：187-193
岡勝　2001「作業システムの選択」井上源基他『機械化のマネジメント』全国林業改良普及協会
大橋慶三郎　2001『道づくりのすべて』全国林業改良普及協会
林政審議会（平成23年1月28日）配付資料2の2　https://www.rinya.maff.go.jp/j/rinsei/singikai/110128si.html（2019年10月12日閲覧）
林野庁　2006『森林・林業白書　平成18年版』日本林業協会
林野庁　2011『森林・林業白書　平成22年版』日本林業協会
林野庁　2016『森林・林業白書　平成26年版』日本林業協会
森林施業プランナー認定制度ポータルサイト　https://shinrin-planner.com（2019年10月12日閲覧）
林野庁「高性能林業機械の保有状況（令和元年度）」https://www.rinya.maff.go.jp/j/kaihatu/kikai/daisuu.html（2021年5月5日閲覧）
鈴木保志編　2021『森林土木学』第2版，朝倉書店
吉岡拓如・酒井秀夫・岩岡正博・松本武・山田容三・鈴木保志　2020『森林利用学』丸善出版

【コラム】

道路は人間の良識を森林に持ち込む

私が北海道十勝地方にある石井林業の浦幌町の森林を訪れたのは1984年の9月でした。社長の石井賀考氏からは，道路の整備の仕方と森林の手入れについていろいろお教えいただきましたが，今でも心に残っているのは「道路は人間の良識を森林に持ち込む」というお言葉でした。石井林業の森林にはトラックの走行できる林道が170m/haの高密度でくまなく整備され，しかも行き止まりのない循環路網となっていました。この路網により森林が区分され，どこの交差点を過ぎたどのあたりに100年生のエゾマツがあるといったように，木を単

木単位で認識することができるということでした。社長は，道路が整備されることにより，これまで数haから数十haの一塊として扱っていた森林を，1本1本の木を見ながら適切な管理を行うことができるので，すなわち人間の良識を森林に持ち込むことに他ならないと強調されました。

道路の幅は通常の林道と比べるとかなり広く，ブルドーザーの排土板で削っただけの1m幅のL型側溝を加えて，全幅員は10mほどありました。運転があまりお上手ではない社長が車を脱輪させないで走れるようにというご要望だそうですが，10tトラックあるいはトレーラーでも十分に走ることができる立派な道になっていました。また，方向転換をしなくてすむように突っ込み林道はつけないようにし，必ずどこかの林道につなげておられるとのことでしたが，これが結局，循環路網になったということです。縦断勾配にもこだわりがあり，決して10%の勾配をつけないようにされていました。路面流下水による路面浸食の起きない勾配を試験し，山の地質と土質に合ったかなり緩い最急勾配（記憶が定かではありませんが，確か数%だったと思います）を見つけ出されたようです。

森林管理については，ポット苗を試したり，高密循環路網を活かして複層林施業を進めたり，択伐による非皆伐施業を目指しておられました。これらの画期的な業績を評価されて，石井社長は1969年の全国農業祭において農林大臣賞を受賞し，さらに林業経営部門でただひとり天皇賞を受賞されました。今，思い起こしても石井社長のお考えはいまだに古臭いものではなく，かなりのお年でしたがその卓見と情熱に頭の下がる思いがいたします。石井社長がお亡くなりになった現在は，経営管理を三井農林株式会社に委託されています。

写真8-11　石井林業の高密循環路網

第９章　魅力ある林業へ

『森林管理の理念と技術』を出した10年前にはまだ現実的にはなっていなかったが，近年の情報技術（IT：Information Technology）の進歩は著しく，地理情報システム（GIS：Geographic Information System）や全地球測位システム（GPS：Global Positioning System）は当たり前の時代となり，航空機レーザー（LiDAR：Light Detection And Ranging）や地上レーザースキャナ，無人航空機（UAV：Unmanned Aerial Vehicle）（通称ドローン）の出現により，森林資源の把握が単木単位で高精度に行えるようになった。また，それらの情報をクラウドシステムを活用して川上から川下まで共有できるような社会になってきている。さらに，人間を直接サポートするアシストスーツの林業への活用や，人工知能（AI：Artificial Intelligence）を搭載した自動走行フォワーダの開発も進められている。

一方で木材の利用は，人口減少にともなう新築住宅着工戸数の減少が予測され，また，住宅の建て方も木造軸組工法からツーバイフォーなどの大壁工法に変わりつつあり，木材の主要な出口であった高級な柱材の需要が減ってくると考えられる。しかしながら，CLTの出現による大型木造建築の可能性もあり，木材の新たな利用が展開しつつある。バイオマスエネルギー利用も含めて，用材以外の木材の利用方法が多様化し，このカスケード利用により1本の伐採木を無駄なく使うことができる。

私有林の林業経営については，森林経営管理法により改善が進められるところであるが，市町村においても森林環境譲与税を受けて，新たな市町村森林整備計画を立てて実施することが求められる。また，木材生産だけの収益に頼らず，キノコや山菜の販売，鹿や猪の狩猟肉販売，企業の社会的責任（CSR：Corporate Social Responsibility），森林信託による投資の受け入れなど，森林を使った収入の多様化を市町村レベルで推進することを考える時代になった。さらに，木材資源が豊富にある山村地域こそ，その資源をエネルギー利用することにより住民の生活に有効に生かして，脱電気依存社会を目指すべきである。

柱などの用材生産に特化してきた日本の林業であるが，これからは木材生産の多様化とニーズの変化に柔軟に対応するとともに，バイオマスエネルギー利用など木材生産以外の新たな収入の可能性を模索し，市町村を中心に山村社会の変革を進めていく努力が求められる。これらの可能性に積極的に取り組んでいけば，林業は地域に根ざした魅力のある産業に変われるものと信じる。

1 ICTとAIが変えるスマート林業

森林資源量の正確な把握

これまでの森林資源量は，樹種と立地条件ごとに固定標準地を設け，プロット調査で得られたデータを森林簿の樹種と植栽年度のデータに当てはめて推計してきた。間伐や主伐を行う際には，プロット調査を行って，やはり森林簿をベースに木材生産量を推計するが，いずれも机上の推計である上に，森林簿のデータ自体も完全なものではなく，実際の木材生産量と異なることが度々である。

近年，航空機LiDARによる精度の高い森林の情報が手に入るようになってきた。航空機LiDARは，高度1000～2000mで飛行する航空機から下向きにレーザーを左右に一定角度で振りながら1秒間に5万～10万回発射し，戻ってくる時間から高さを求めて記録する（図9-1）。レーザーは樹冠で反射したり，樹冠をすり抜けて下層植生で反射したり，地表まで届いて反射するものもある。この膨大なデータをコンピューターで処理することにより，樹冠面と地表面に分離することができ，この高さの差から樹高を割り出すことができる。また，樹冠面の凹凸から単木の樹冠を検出し，広範囲の立木位置を高精度で座標化でき，立木密度を正確に得ることができる。

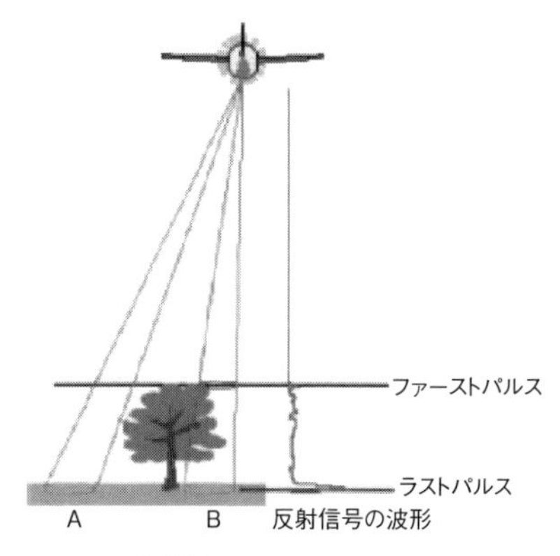

図9-1　航空機LiDARの仕組み
出所）国土地理院HP。

一方，地上レーザースキャナは，林内に3Dレーザースキャナを持ち込み，数ヶ所に移動して全体の測定を行う(図9-2)。この測定によって，立木の正確な位置を座標化できるだけでなく，丸太が採れる高さまでの幹の曲がりをはじめとする細かな形状が測定できる。地上からは梢端部まで正確に測ることはできないが，丸太が採れる範囲は精度の高いデータが取れるため実用上はなんら問題がない。

航空機LiDARは広範囲な森林の状況を把握でき，地上レーザースキャナは単木単位の細かなデータを計測することができるので，目的に合わせて使い分けることが肝要である。すなわち，航空機LiDARで広範囲の森林の立木本数と立木配置と大体の樹高を把握し，伐採する林分を決定する。次に，伐採を行う林分については，地上レーザースキャナで詳細に計測し，収穫できる丸太の種類，等級，木材生産量などを高精度で予測することができる。これまでの森林簿とプロット調査による木材生産量の予測に比べて，予測精度は飛躍的に向上し，請負作業の予定価格を適正に設定することができるようになる。立木を単木単位で把握できることは，一山単位で取引されていた昔ながらの林業に比べると，画期的な大改革をもたらすことになる。

航空機LiDARと地上レーザースキャナのデータをGISに入れることにより，立木の詳しいデータを1本ずつナンバーをつけて資源管理することが可能になり，ニーズに応えたオンデマンドの林業も可能になる。また，現在の木材市況に合わせて，より高く売れる立木の選木とその立木からの丸太の採り方

図9-2　地上レーザースキャナのデータ
出所）千葉（2017：34）。

（採材）を伐採前に決めることができる。さらに，選木した立木を森林内で探すことは大変であるが，GISの立木位置データをもとにGPSを使ったデバイスを利用することにより，選木した立木にナビゲーションすることも可能になる。これがこれからのスマート林業の基本となる。

クラウドによる情報共有

インターネットが普及し，ITはインターネットで結ばれた情報をクラウドのように応用する情報通信技術（ICT：Information and Communication Technology）に進化し，さらにモノをサーバーを通じてクラウドに接続するモノのインターネット（IoT：Internet of Things）に進んでいる。クラウドによる地域や職種を超えた幅広い情報共有は，これまでの林業の世界を大きく変えていくことになる（図9-3）。

これまでの林業の世界は，植林をして，森林を育て，木を伐り出して，木材市場に丸太を出すところまでであった。その先は，製材や加工などの木材製造業の世界となり，木材製造業も製品市場に用材製品を出すところまでで，その先の建築の世界とは別世界となっていた。情報はそれぞれの市場で分断され，そこでは「安く買って高く売る」という競りによる売買しか接点がなかった。

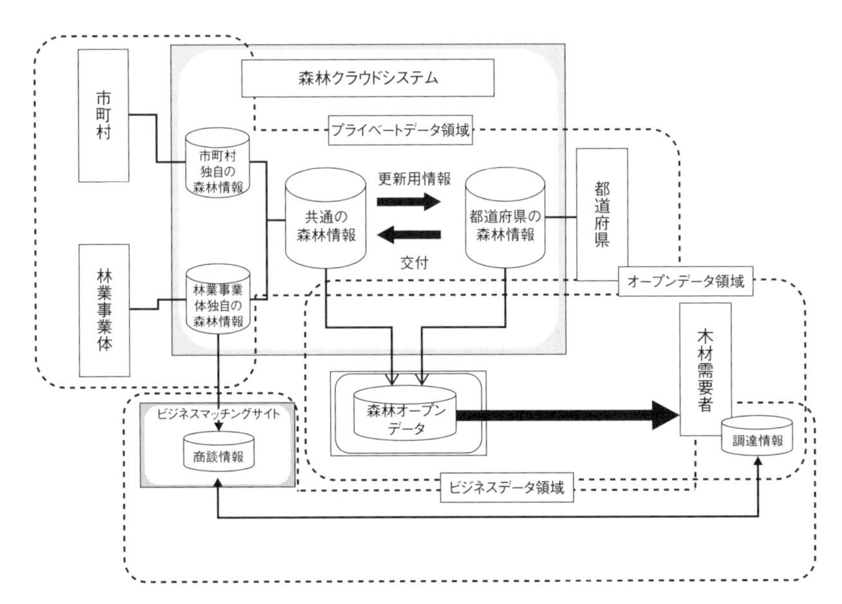

図9–3　森林クラウドシステム
出所）住友林業（2018：84）。

林業，木材製造業，建築業は，同じ木材を扱っていても言語が違っているとよく言われてきた。例えば，建築家が2.5m柱を手に入れようとしても，製材品は3mの規格品しかなく，50cm分は捨てざるをえず割高となるので，木材を使うことを諦めざるをえなくなる。木造軸組工法の柱材生産に特化した林業と木材製造業では，森林から生産される丸太は，3mと4mが主流であり，品質の良い木は6mの場合もあるが，概ね3種類であり，多様なニーズに応えられない。

クラウドは，川上の林業の情報を川中の木材製造業と川下の建築業で共有する場を提供し，また，反対に川上側と川中側はクラウドを通して川下側のニーズを知ることができる。川上側がクラウドに提供する情報は，航空機LiDARによって得られた立木本数と樹高から予測される全体の森林資源量，さらに地上レーザースキャナによって得られた単木単位の丸太の形質と収穫量の予想データである。川下側は必要とする丸太がどの森林のどの林分にどれだけあるのかを把握することができるので，川上側に慣例にはない採材の仕方まで直接発注することができ，川中側には製材の仕方や乾燥のかけ方まで指示することができる社会に変わっていく。木材市場と製材市場で断絶していた情報と人の交流が，クラウドによって大きく変わっていくと期待される。

バーチャルリアリティの活用

3次元の仮想空間を再現できるバーチャルリアリティ（VR：Virtual Reality）は，林業においても活用が期待される。所有森林の境界確定は，すでに完了している市町村もあれば，いまだに手付かずのところも多くある。森林所有者の高齢化が進んでおり，この10年以内に境界確定をしなければ，詳しいことを知っている関係者がいなくなると危ぶまれている。しかし，高齢の森林所有者は，境界確定のために傾斜地を歩くことができず，現地に立ち会うことができない。そこで，森林所有者に代わって第三者がビデオを持って現地に入り，周囲の状況をVRモニターを装着した森林所有者に動画で送信し，双方の森林所有者から境界の指示を出してもらうことで，境界を確定することができる。

現実の光景のデータをリアルタイムで離れたところにいるオペレーターに送り，VRであたかもその現場にいるように再現できるので，林業機械の遠隔操作（リモートコントロール）が可能になる。災害現場や原子力発電所の事故処理など，人間が立ち入ることができない現場に機械を入れてリモートコントロールすることはすでに行われている。林業の機械化発展は以下の3段階であるとされている。

第1段階：No Hand on the Wood（手で木を扱わない）
　チェーンソーの利用，ウィンチ集材，スイングヤーダー，架線系集材など

第2段階：No Man on the Ground（誰も地面に立っていない）
　ハーベスタ・フォワーダシステム

第3段階：No Man on the Machine（誰も機械に乗っていない）
　リモートコントロール

日本は，チェーンソーによる伐木を行っているので，いまだに第1段階にある。北欧では，ハーベスタとフォワーダによるCTL（Cut to Length）システムにより，オペレーターはキャビンの中での作業となり第2段階に入っている。

リモートコントロールは第3段階に相当する。オペレーターは現場近くの車の中にいて，VRを見ながら林業機械をリモートコントロールする日が近づいている。

林業の安全教育に，実際には体験できない危険な作業をVRで体験させることにより，危険予知訓練を行う装置が開発されている。このシナリオは，実際に起きたチェーンソー伐木作業中の死亡災害の事例を基に作られ，VRには仮想の森林を実際に近い形で作り込み，そこに危険な状態を引き起こす原因を潜ませ，VRを見る人が労働災害を極めてリアルに体験できるように作られている。

パワーアシスト

パワーアシストスーツは，介護や看護の分野ではすでに実用化されているが，林業用に傾斜地歩行できるような開発改良が行われている。現在は，植栽用にコンテナ苗を現場に運ぶことを目的に開発が行われている。傾斜を安全に登り降りするだけではなく，滑りやすい足場や様々な障害物など解決すべき課題が多くあるが，実用化されれば，高齢者の現場へのアクセスの有効な補助具になると期待される。

人工知能

AIによる林業機械の自動運転やロボット化も今後期待される。労働災害をなくすためには，「誰も機械に乗っていない」という第3段階が理想的であり，AIがその実現を可能にする。

日本では，フォワーダによる木材運搬中の道路からの転落などの労働災害が後を絶たず，現在，フォワーダの自動運転の開発が進められている（写真9-1）。自動走行の方法はいくつかあり，今のところ現実的な方法は，電線を自動走行の経路に敷き，微弱な電流を流して，そこ

写真9-1　自動走行フォワーダ

に発生する磁界をセンサーで感知しながらフォワーダを自動走行させるものである。将来的には，作業道の形状を画像分析して，フォワーダがAIで走行進路を判断して自動走行するようになると，どの道でも走行できるようになる。フォワーダの自動走行は，労働災害を根本的になくすだけではなく，フォワーダのオペレーターを削減できるので，省力化することができ，労働生産性を高めることにもつながる。

ボストン・エレクトロニクス社が開発した二足歩行ロボットや四足歩行ロボットの完成度は高く，それらの運動能力は驚異的である。いずれこのようなロボットが私たちの生活の近くでサポートする日が来て，林業においても人間に代わってロボットが下刈りをしたり，チェーンソーで木を伐ったりしているかもしれない。しかし，たとえそのような時代になったとしても，人間が森林に入らないでいては健全な森林管理はできないと考える。森林と人間の関係を見失わないためには，森林の踏査と計画の段階は人間がかかわるべきであり，その上で森林管理作業をリモートコントロールしたり，ロボットに指示を出したりするようにすべきであろう。

2 求められる木材の変化

高品質の用材生産を目的としたこれまでの林業では，節のない柱材を目指して枝打ちを行い，年輪が均等に入った柾目材を目指して間伐を繰り返し行ってきた。日本の伝統的な木造軸組工法では，木材の表面に何も加工を施さず木目が外に現れる「現し（あらわし）」が通例であるため，無節材が尊重されてきた。しかし，住宅の建て方に変化が現れ，柱や梁を使わずに壁で支える大壁工法が普及し，また木造軸組工法においても木材の「現し」にこだわらない建築も増え，かつて高級材であった無節材のニーズが低下してきている。例えば，無節柾目の高級天井板は重宝されたものであるが，現在では大量生産できるプリント板とあまり見分けがつかないために興味を持たれなくなってきている。また，見た目の美しさにこだわった高級材のニーズが失われつつあり，高級用材としてのステイタスを維持してきたヒノキの木材価格が下落傾向にある。ここにこれまでの林業が目指してきた木材の生産目標が失われることになる。もちろん高級材のニーズがまったくなくなるわけではないが，木材生産の主体は別の方向性を見出さなければならない。

人口が減少していく中で新築住宅着工戸数の減少が予想されているが，フローリングや天井材などの内装材のリフォーム需要，さらに木造ビルなど非住宅建築の拡大による国産材利用の出口が期待される。非住宅建築では，CLT（Cross Laminated Timber）の床材や壁材利用，鉄骨あるいは集成材の柱材利用が進められ，都市部に木造ビルが広がっていくことになると，膨大な量の板材の供給が求められることになる。住友林業は，2041年までに都内に木材を主材料とする70階建てのビルを建設する構想を出している。北米では10階建て前後の木造高層ビルがすでに出現している。木造ビルと聞くと火災が心配になるが，木材表面を防火性の高い石膏ボードで覆い，スプリンクラーを整備することで，その心配はなくなる（写真9–2）。

写真9–2　カナダの木造4階建て集合住宅

写真9–3　年輪が揃った大径木

人工林の高齢化とそれにともなう大径木化が進む中で，大径木の利用拡大がこれからの課題となってくる。大径木を大量利用するには，芯去り板材を製材して，厚板をそのまま使うか，薄板をツーバイフォーやCLTに使うことが考えられる。その際には，資材としての木材の強度が重要となり，製材段階でのヤング率の全量検査が行われる。すなわち，これからの木材に求められることは，見た目の美しさではなく，ヤング率などの木材の強度に変わっていく。

丸太内部の強度に偏りがあると製材された板にも影響が出るため，内部強度が均一な丸太の価値が高くなってくると考えられる（写真9–3）。丸太内部の強度を均一にするためには，間伐を繰り返して均一な年輪を作らなければならず，昔ながらの林業の仕立て方が生きてくることになる。ここに再び森林を育てるやりがいが見出せることになり，木を大きく育てれば育てるほど，その見返りがあるという真っ当な林業が復活できると期待する。

3 カスケード利用の拡大

用材生産を目的としてきた林業では，木材市場に出せる丸太を採った残りはすべて廃棄されてきた。伐採した木の利用率は40～60%に留まり，森林資源を十分に活用してこなかった。確かに用材となる部分は高く売れるが，これまで廃棄されていた部分を利用すれば，利益の底上げが可能となる。オーストリアでは，伐った木を100%利用しており，儲かる林業を実現している。オーストリアが行っているのはカスケード利用である。カスケード利用とは，高く売れるA級材は用材として木材市場に出し，節があったり曲がりのあったりするB・C級材は集成材工場，合板工場，あるいはCLT工場に直送し，小径部分

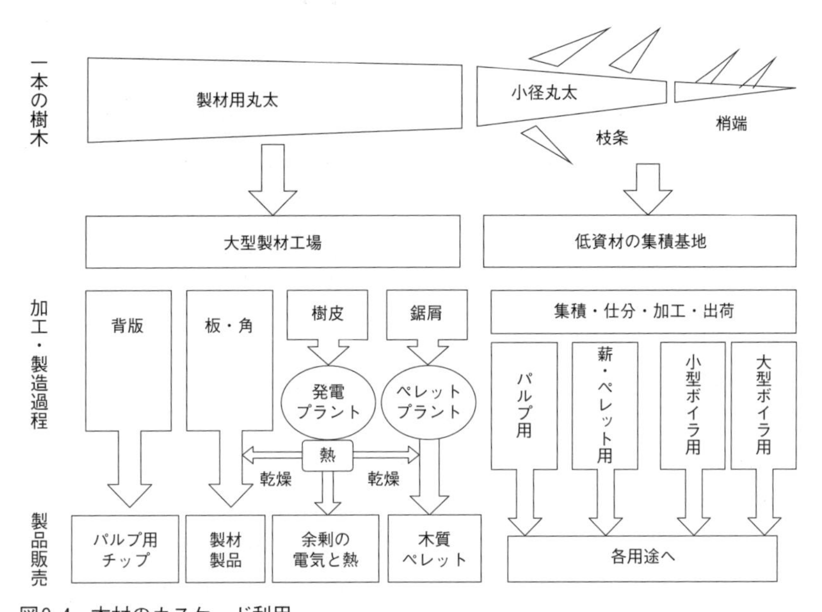

図9-4　木材のカスケード利用
出所）日本木質バイオマスエネルギー協会HP。

は小丸太加工工場に，D級材と梢端部や枝条部などはチップにして製紙工場あるいはバイオマス燃料とする無駄のない利用法である（図9–4）。

バイオマスエネルギー利用

森林で生産される木質バイオマスは，木材や製紙用原料としての利用価値のみならず，近年はカーボンニュートラルで再生可能なエネルギー資源として期待されている。燃材としてはエネルギー革命まで薪炭が利用されてきたが，近年は新エネルギー法の下でチップ化された間伐材が電力会社の火力発電で混焼されている。バイオマスエネルギー用のチップは，製紙用よりも高く取引され，品薄状態であると聞く。燃料としては，チップよりも細かく粉砕して乾燥させたパウダー状のものを圧縮成型したペレットが岩手県を中心に使われており，一般家庭でもペレットストーブが普及している。今後，木材からバイオエタノールの生成が効率よく行えるようになると，間伐材の需要がさらに高まるものと期待される。トウモロコシなどの食糧からではなく，林内に捨てられていたバイオマス資源を活用して自動車用の燃料を生成することは，食糧問題と環境問題を一挙に解決する良い方策であると考える。

このように木質バイオマスは化石燃料の代替エネルギーとして期待され，用材にならず森林内に捨てられている切り捨て間伐材や除伐材が有効に利用できる。しかし，これらの資源は基本的に安価であるために化石燃料の代替になるのであり，工場での引き取り価格が完全に乾いた重量1 t あたり6000円前後であるため，森林から収穫するコストだけでも赤字になりかねないという厳しい状況にある。

採算が取れるベースでバイオマス生産を目指すなら，休耕地を利用した促成樹種のプランテーションを完全機械化で検討すべきであろう。一般の人工林では，利用間伐の際に用材と一緒に細い木も集材することで，バイオマスの収穫コストを軽減させることが現実的である。また，間伐と主伐にかかわらず造材する際に発生する枝葉や端材や梢端部を集めてバイオマスとして収穫することも，土場や道路脇の枝条処理も兼ねて効果的である。

しかし，これらのバイオマスは通直で長さの揃った用材と異なり，形状も長さも太さも千差万別である。特に，枝条や梢端部は重量のわりに嵩張り，輸送

写真9-4　トラック車載型チッパー

効率の極めて悪い運搬対象である。そのため，バイオマス利用の先進国である北欧ではバイオマス収穫のための専用機械が開発されており，そのまま運ぶ方法以外に，チッパーで粉砕して運ぶ方法，あるいは圧縮して体積を小さく（減容化）して運ぶ方法がある（吉岡 2004）。前者には，土場などの広い場所に設置する大型のチッパーと道路脇でも使用できる小型のチッパーがある。小型のチッパーは処理能力に劣るものの，並列作業における作業待ち時間を有効利用して，プロセッサがチッパーに枝条を投入してチップの生産をすることも可能である。最近では，トラックに車載されたチッパーも販売され，機動力の高いチッピングが行える（写真9-4）。後者はバンドリングマシンとして日本に紹介されている機械であるが，簡単に説明すると枝条を圧縮して麻縄をグルグル巻きにする機械である。処理速度はあまり早くはないが，減容化により輸送効率はかなり向上する。

バイオマス燃料の収穫では，林内に切り捨てられた間伐材（林地残材）を林道端まで集材するのに，伐出コストが用材搬出と同じだけかかるため，基本的には全木集材した木材を造材した後に林道端に残る土場残材のみ収穫することになる。事業ベースで林地残材を収穫することは難しいが，自伐林家が出したバイオマス燃料を集める木の駅プロジェクトが高知県から始まり，全国的に広まりつつある。木の駅プロジェクトは，自伐林家や兼業林家が作業の合間に集めてきた間伐材を軽トラックで木の駅ステーションに運び，地域通貨で購入してもらうシステムである。間伐材を自家労働で出すので人件費がかからず，軽トラック1台で缶ビール1箱が買えるだけの儲けがあるので，林家側にとっても林地残材として捨てていた資源をわずかではあっても換金できるという魅力がある。また，地域通貨での支払いは，地域経済を活性化させるという点でも注目されている。

4 多様な林業収入の可能性

森林からの収入は，木材生産による用材販売だけではなく，林産物としてのキノコ，山菜，鳥獣など昔から周辺住民に使われてきた商品価値のあるものもあれば，水の提供や二酸化炭素吸収などの公益的機能も県単の水源税や環境税の形で間接的に還元されることになる。また，企業のCSRの受け入れや森林信託として投資の対象ともなりえるため，林業収入の可能性は多様化している。しかし，環境税や森林信託は，森林の公益性に対して出されるものであり，森林所有者個人の資産としての森林管理に直接支払われるものではない。これらの資金を受け入れるためには，小規模森林所有者の森林を集めて管理する第三者機関を作る必要がある。

第三者機関への森林信託

提案型施業による団地化にしても，森林認証による団地化にしても，1回の作業あたりの森林をまとめるだけである。作業にあたっては管理計画を立てていても，そのときの材価や所有者の家庭事情により，所有者の判断の余地が残されることになる。これは所有と管理が一体となっているからであり，ある森林からの木材生産で得られた利益は，当然のことながらその森林の所有者のものになる。

木材を生産する事業体としては，毎年一定量の木材を安定供給することが望まれるが，所有者の同意を得ないと木材生産が行えないため，材価によっては事業量の確保が難しくなる場合が想定される。所有者としては，手入れをしてもそのときだけ間伐利益が入ってくるのみであり，次の間伐まで10年間近く無収入となるので，できるだけ材価の高い時期に作業を行いたいと考えて当然である。また，本当に小面積の森林所有ではその間伐利益も少なく，施業意欲を失いがちになる。

このような構造的問題を解決すべく，藤澤は森林所有の零細性・分散性，資産維持的性格など，「森林の所有問題」が払拭されなければならないと考え，団地法人化を提案した（藤澤 2002）。さらに団地法人化では，①資産保持的な森林所有から脱却して積極的・合理的経営が追求されなければならないこと，②最低限，森林施業計画の認定対象以上の経営規模（30ha）がなければならないことが要請されると指摘している。このためには森林経営を森林所有者から切り離した第三者によって行う必要があり，さらに経営規模がある程度の大きさになるように森林所有者を何人か集めなければならない。団地法人化にあたっては，森林所有者から立木の現物出資を受けるわけであるが，その際に森林の境界の確定と立木の経済的評価の手法が，森林所有者の出資額を確定する最も重要な要素である。藤澤論文を受けて大日本山林会は2003年に「林業経営の将来を考える研究会」を設立し，第三者を株式会社形態とすること，団地面積の下限を1000ha以上とし，年間に1万5000m³以上の素材を生産することを目標に検討し，山形県金山町にモデル林を設定して実現可能性の調査を行っている（大日本山林会 2006）。

団地法人化と同様に民有林の所有と管理を分離するコンセプトで提案されているのが，中部経済同友会が2008年に提言した森林信託事業である（中部経済同友会環境委員会 2008）。森林所有者は森林信託会社に所有する森林を信託する。森林信託会社は森林を信託財産として分離して，法正林に基づいた森林計画を立て，計画的に一定量の木材生産を行い，所有者に代わって森林管理を行

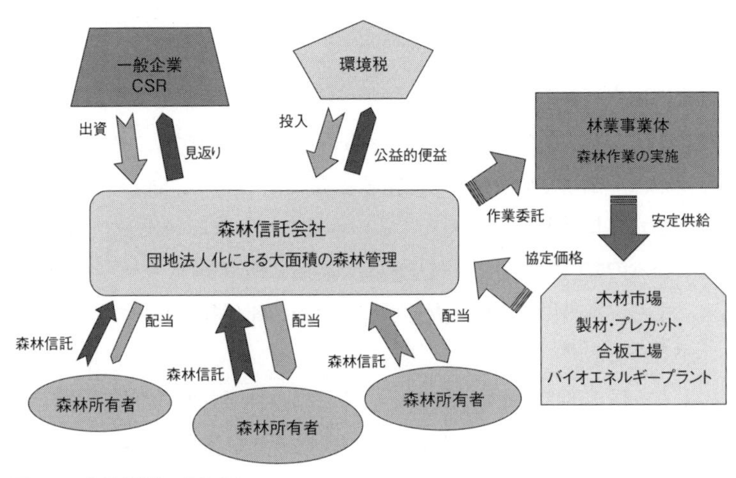

図9-5　森林信託の概念図

う（図9-5）。信託された森林は所有と分離されているため，森林信託会社が計画を立てて実行することができるので，作業のたびに所有者の同意を得る必要がなくなる。そして，木材生産による利益は，信託した森林の面積に応じて森林所有者に毎年配分されることになる。施業意欲のない森林所有者や不在村の森林所有者にとっては，森林信託会社が森林管理を行ってくれて，しかもわずかな額であるかもしれないが毎年利益が配分されるので魅力的な方策であると考えられる。

三井住友信託銀行は，2019年度から岡山県西粟倉村で森林信託事業を始めた。森林所有者は，森林管理会社に森林の所有権を信託して，森林の運用を委託し，受益権を保持しているので，木材販売などで得られた利益の一部を配当金として受け取ることができる。

森林信託会社は信託された森林の公益的機能の促進という森林管理を通して，CSRや排出権取引の受け皿となり，さらに環境税などの公的資金投入の対象となりえる。これにより森林管理コストを木材生産による利益のみに頼るのではなく，これらの企業からの投資や公的資金により多くの部分を助けられると期待される。

このような森林の所有権と財産権の分離の考え方は決して新しいものではなく，団地化した森林を証券化することも考えられている。森林は毎年成長する手堅い投資先になるので，実際にアメリカでは森林証券の取引が市場で行われている。団地法人化や森林信託事業が実現できれば，森林管理事業を証券化することで，一般投資家からの資金を集めることも可能となる。このように団地法人化や森林信託事業は，現在管理に困っている一般材生産の私有林を団地化するための有効なツールとして期待される。

5 山村地域の強みを生かす

集中豪雨による山崩れや春の湿ったドカ雪などによる被害で，道路沿いに引かれた送電線が切れ，その奥の地域一帯が停電する事故が毎年のように報道されている。電気に頼っている都会なら致し方ないが，周りに木質燃料がふんだんにある山村地域でも電気が止まることによって大変な苦労を強いられることになる。山村地域でも都会並みにオール電化の家が増えてきており，また石油ファンヒーターのような暖房機は電気がないとファンが動かないため使えない。山村地域でも電気に大きく依存した生活スタイルに変化しているということであり，都会と同様に災害に弱い現代化した環境になっている。

人口が減少し高齢化が進んでいる山村地域は，資源だけはふんだんにあるわけであるから，それを強みとして生かす方法を考えて，山村の特色と魅力を出していくべきであると考える。少なくとも暖房や炊事の燃料は，災害時に周りの森林内にある林地残材を有効に利用できるようなシステムを作るべきである。また，広い敷地を利用して，太陽光発電をすれば電気にも困らないのではないであろうか。地域のバイオマス資源を利用した地産地消の小規模バイオマス発電と熱利用も可能性がある。インターネットがつながる環境を整備すれば，自然環境に恵まれた山村に都市部から様々な人が入ってくることになるし，場合によっては会社がオフィスを移転してくることもありえるだろう。

◉——参考文献

千葉幸弘　2017「地上レーザー計測による森林調査のこれから」『森林科学』80：32-35

中部経済同友会環境委員会　2008『日本の森林再生とビジネスの共生——持続可能な循環型社会のために』中部経済同友会

大日本山林会編　2006『農林水産叢書51　林業経営の将来を考える——団地法人化の可能性を探る』農林水産奨励会

藤澤秀夫　2002「団地法人化」『林業経済』55（4）：18-28

国土地理院HP　https://www.gsi.go.jp/kankyochiri/Laser_senmon.html（2019年10月21日閲覧）

日本木質バイオマスエネルギー協会HP　https://www.jwba.or.jp/（2019年10月21日閲覧）

住友林業　2018「森林情報高度利活用技術開発事業——森林クラウドシステム標準化事業——報告書」http://rashinban-mori.sakura.ne.jp/www/pc/download/H29%E6%A3%AE%E6%9E%97%E3%82%AF%E3%83%A9%E3%82%A6%E3%83%89%E6%A8%99%E6%BA%96%E5%8C%96%E4%BA%8B%E6%A5%AD%E5%A0%B1%E5%91%8A%E6%9B%B8.pdf（2019年10月23日閲覧）

吉岡拓如　2004「森のバイオマスを効率よく集める・運ぶ機械とそのシステム」『森林科学』40：25-32

【コラム】

森林を育てる喜び

私ごとで申し訳ないのですが，今から35年ほど前に私は京都大学農学部附属北海道演習林に勤めていました。北海道演習林は標茶区と白糠区に分かれていましたが，標茶区は丹頂鶴で有名な釧路湿原の北端に位置する標茶町にあり，周りは牧場で囲まれ，牧草地の海に突き出た半島のような森林でした。もともとは陸軍の軍馬を育成する牧場跡だったので，広葉樹の林が広がっていたそうですが，択伐による乱伐で低質な広葉樹ばかりの貧相な森林になり，拡大造林によるカラマツやトドマツなど針葉樹への林種転換を行ってきました。私が赴任した時は毎年４～5haの広葉樹林を皆伐し，アカエゾマツを人工植栽していました。

35年前の人工林は林齢が古いもので20年を越していた程度であり，全体的に若い森林ばかりで，見通しのよい景観でした。演習林の中央近くの見晴らしのよい高台を林道が走り，私のいた頃は林道下に広がる人工林が2ｍぐらいの高さで，遠くに摩周岳が望める絶好の展望地でした。その東側にアカエゾマツの人工林がありましたが，不成績造林地で補植を繰り返していました。その上，エゾシカの通り道に位置していたため，樹皮の剥皮被害が絶えず，かなりの本数が枯死しました。ここに補植を行ってもエゾシカの被害にまた遭うだけなので，このまま放置しておこうということになりました。

写真9-5　1985年頃の林道からの景観

写真9-6　成長したアカエゾマツ林

その後，北海道演習林を離れたのですが，2017年の10月に北海道演習林を訪れる機会があり，人工林が立派に成長していることに驚きました。見晴らしの良かった高台に行っても，まったく見通しが効かず，どこを走っているかわからない状態でした。もちろん摩周岳を見ることもできません。例のエゾシカ害がひどかったアカエゾマツの人工林横に望楼が建てられ，ここに登って初めて視界が開けました。この望楼からアカエゾマツ林を見て，一時は成林できないと諦めていた森林がよくぞここまで育ったものだと感激しました。

森林の成長はわずかであり，毎日見ていると気がつきにくいのですが，長い期間を空けて見直してみるとその成長に驚かされます。そして，その森林にかかわってきたという過去の記憶があると，その成長ぶりになおさら喜びを感じます。森林を育てている人の真の喜びとは，もしかしたらこのようなものではないかと思いました。森を育てるということは子育てと似ているといわれるのがわかる気がしました。

第10章　理解を広め担い手を育成する

森林・林業については，最近テレビで紹介される機会が増えてきているが，まだ一般には正確に知られていないところがある。森林を伐ることは自然破壊だと思い込み，木を使わずにプラスチックや樹脂などの代替品に変えるべきと真剣に思い込んでいる人たちがいまだにいるようである。また，人工林は放置していても天然林と同じように生育していくと信じている人は多く，トトロの世界のように木がニョキニョキと地面から上に向かって成長し枝もそれにつれて上に上がっていくと思われているところもある。林業に至っては，いまだに斧と鋸で木を伐る木樵のような仕事をしていると誤解されている。

日本では，森林環境教育が十分に行われてこなかったこともあり，一般人の森林・林業への理解はかなり遅れているといわざるをえない。ドイツでは，森林は一般人にとっても身近な存在であり，森林環境教育は幼稚園の間から始まり，小学校から大学に至るまで森林・林業に関する教育が行われている。ドイツの森林は一般にも公開されているため，一般人が森林の中に自由に入り，散歩をしたり，自転車を走らせたり，キノコやベリーを採ったりして楽しんでいる。また，ドイツ人は，大事な話をするときは「森林に行こう」と相手を誘い，森林の中をともに歩きながら相談ごとをすると聞く。このように森林を身近に感じ，林業についても関心の高い国民性は，森林・林業に対する理解もあるとともに，厳しい目で身近な森林を監視している。

日本でも一部の地域では，幼稚園から森林での遊びを取り入れ，小学校や中学校では専門のインストラクターによる森林環境教育を行っている。このような地域では，小中学生あるいは高校生まで森林環境に対する意識と林業に対する理解度も高い。しかし，子どもの親たちは，森林・林業に関する意識や関心が薄く，しかも森林・林業に対する誤解を持ったままでいるので，子どもが森林・林業関係の仕事に就くことを反対することになる。子どもだけではなく，親も含めた森林環境教育が望まれるところである。

森林の理解者を1人でも多く増やし，森林・林業に関する正しい知識を身につけてもらい，その中から次代の担い手を育てていく必要がある。この章では，そのための森林環境教育，森林技能者教育，森林技術者教育について概観する。

1 森林環境教育

第4章で述べた鬼頭の言うところの「自然と人間の生身の関係」を，どのように私たちと森林の間に再構築してゆけばよいのであろうか。近年，私たちの周りで起こっている社会的な動きは，森林との関係を再認識する機会を私たちに与えているように思われる。例えば，地球温暖化問題は，化石燃料からバイオマスエネルギー利用に市民の関心を転換するきっかけになり，また，外国産材の輸入困難な状況は，日本の森林に目を向ける好機になると考えられる。他にも，水源涵養機能や土砂災害防止機能など生活と安全に直接結びつく森林の働きが，近年の集中豪雨による山崩れや洪水の頻発で再注目されつつある。

以上のような社会的状況は，私たちが森林と生身の関係を再構築していく良いチャンスを与えているわけであるが，いきなり関係が改善されることはありえない。まず，森林関係者が市民に向けてしっかり情報を流すことに努めて，より多くの市民に森林への関心を持ってもらうことから始まる。そして，関心を持った市民が次のようなステップを踏みながら森林との関係を深めていけるように，森林側の受け入れ体制を整える必要がある。

①森林に親しむ（レクリエーション，森林浴）

②森林に興味を持つ（森林・林業体験）

③森林を詳しく知る（森林環境教育）

④森林のために働く（森林ボランティア）

⑤森林に愛情を持つ（愛林精神，森林文化）

必ずしも全員が最後の段階までゴールできなくてもよい。途中のステップから始めたり，あるステップだけを経験したりする場合もあろう。しかし，少しでも森林を身近に感じる体験をして，森林に対する関心を深めることが大切である。その上で，精神的なものだけではなく，生活の中で木材を利用し，しかも意識的に国産材を利用するように努め，森林管理促進のための森林環境税などに賛同して，経済的にも森林を応援する土壌が生まれれば，森林との新たなつながりができることになる。そのようなポピュレーションを増やしていくことが，森林を中心とする新たな共生社会を再構築することにつながると考える。

森林に親しむ

森林との生身の関係を再構築するための最初のステップは，まず森林に親しむことから始まる。まったく森林に興味もなく，森林とかかわりのない人たちが森林を身近に感じることは無理な話であり，まずはレクリエーションなどを通して森林に近づくことから始まる。野外レクリエーションといえば，行く先は海か山か高原かであるが，山や高原には森林があり，緑の景観と涼しい木陰を提供してくれる。また，美味しい空気，木々の香り，小鳥のさえずり，葉のざわめき，木漏れ日に心が癒される。

このような効用が，森林に行くと気持ちがよい，リフレッシュされるという記憶として残され，森林に親しみを感じ始める第一歩となる。虫や草が大嫌いで野外レクリエーションは嫌だという都会派は別にして，人間には自然に接すると本能的にリラックスするということが明らかにされている（Ulrich et al. 1991）。

一般人が森林に親しめる空間として日本国内に84ヶ所，9万8000haの自然休養林が整備され，年間1000万人が利用している（林野庁 2019a）。自然休養林では，景観を楽しんだり，ハイキングやキャンプをしたり，最近ではオートキャンプ場も整備され，それぞれに野外レクリエーションを楽しめるようになっている。

森林レクリエーションの新たな形として，ヨーロッパで盛んに行われている農林漁業体験やその地域の自然や文化に触れ，地元の人々との交流を楽しむ滞在型のグリーンツーリズムを農林水産省が1992年から推進している。一方，環境省は2007年にエコツーリズム推進法を策定して，「自然環境や歴史文化を対象とし，それらを体験し，学ぶとともに，対象となる地域の自然環境や歴史文化の保全に責任を持つ観光のありかた」（エコツーリズム推進会議HP）としてエコツーリズムを推進している。いずれも山村振興の切り札として期待がかけられているところであるが，国民には今ひとつ認知されていない様子である。しかしながら，時間に追われて長期休暇の取りづらい日本人の生活パターンでは，このようなゆとりのあるレクリエーションを受け入れる時間的余裕がないという問題もあり，グリーンツーリズムとエコツーリズムの普及には困難がともなうと考えられる。

近年は森林浴によるセラピー効果が注目され，2004年に森林セラピー研究会が設立されてから科学的データの蓄積が進んだ。これにより都市と比較した森林のセラピー効果が確認され，2019年現在，全国に64ヶ所の森林セラピー基地が認定されている（森林セラピーソサエティHP，写真10-1）。都会から離れた遠くの森林に行き，森林浴をすることは非日常的環境に浸ることができ，いわゆる転地効果が高いと考えられる。しかしながら，欧米の先進例にならって滞在型の利用を目論んだ森林セラピー基地であるが，先述したとおり時間的ゆとりのない日本人への大々的な普及は難しいと考えられるので，温泉地や景勝地という付加価値付きでアッピールすることが望ましい。

森林セラピーでは樹種による森林セラピー効果の違いに研究が進んでいるが，今後はセラピー効果をもたらす環境要因をより詳しく調査して，その日変化と季節変化を明らかにし，セラピーロードやプログラムの設計に活かしていく必要がある。このような森林環境の基礎データがそろってくると，森林浴やレクリエーション利用のための森林や遊歩道について，その環境評価をGIS上

写真10-1　赤沢自然休養林での森林浴

写真10-2　ツリークライミング

で行うことが可能となる。筆者は土地利用多様性指数を改良して，遊歩道周りの環境の多様性を評価できる新たな指標を提案し，森林の樹種配置や遊歩道の設計に応用できることを示唆した（Yamada 2006)。レクリエーションならびに森林セラピーの研究が進むことにより，森林を楽しめる空間をより効果的に整備し，より多くの人々に森林に親しむ機会を与えることが期待される。

森林に親しむもうひとつの活動として，ツリークライミングを紹介しておきたい（写真10-2)。ツリークライミングはロープを使った安全な木登りの方法で，1986年にアメリカのジェンキンスが開発した。日本にはジョン・ギャスライトが紹介し，ツリークライミングジャパンを設立して普及を進めている。ツリークライミングは森林浴よりもより積極的に木に近づき，森林に親しむことのできるプログラムである。ギャスライトらは，ツリークライミングに環境教育を加えることで，体験者の満足度が増し，森林に対する良いイメージと積極的な意識を持たせることができると報告している（Gathright et al. 2008)。

遠くの森林に行かなくても，身近な都市公園あるいは近くの里山でも十分に森林のセラピー効果は得られる。ここにツリークライミングのようなより積極的な非日常体験を取り入れることで，より効果的に森林に親しむ機会を人々に与えることができる。

森林を知る

森林に親しみを感じ始めると，森林のことをより深く知りたくなる。そこで，次のステップとして，森林への興味を深め，森林を正しく理解するために，森林についての情報を提供する森林環境教育や林業体験が重要になってくる。ツリークライミングではすでに実行されているが，イベント時に森林環境教育を取り入れることは，森林に遊びに来た参加者をより森林を身近に感じる世界に引き込む有効な手段である。

森林レクリエーションや森林浴においては，ガイド役としての森林インストラクターに森林環境教育の期待がかかる。森林インストラクターは，全国森林レクリエーション協会が認定を行っている資格であり，2018年現在で3135名が登録されている（林野庁 2019b）。森林インストラクターの役割は，自然環境教育を目指す森の案内人（インタープリター）として，一般の人々に対して森林の案内，林業の説明，野外活動の指導などを行うことである。

最近は国有林でも「国民のための国有林」を前面に出して，森林管理署には森林ふれあい係が設けられ，地域のボランティアと協力しながら森林体験学習や森林環境教育を積極的に行っている。当初はお役所的な取り組みであったが，最近は経験を積んで，かなり良いプログラムを行っている。また，地方自治体でも森林に親しむイベントを開催したり，ボランティアが中心になって森林環境教育を行ったりしている。愛知県の海上の森では，県が独自に市民プログラムを無料で提供しており，森の観察や森から材料を取ってきた手工芸品作りを指導している。また，小中学校の総合学習のテーマとして森林環境教育を取り入れている学校もあり，森林管理署やボランティア団体が協力をしている。

これらの多くのプログラムは森に親しむことをメインにしており，森で遊びながら植物や生態系についての知識を深めようという趣旨である。「親しむ」→「知る」というプロセスの中でこのようなプログラムは重要な位置を占めているが，このままでは偏った知識を与えるだけであり，自然愛好家や自然保護論者を増やすだけに終わり，森林のより深い理解には進むことができない。

「知る」の次のステップとしては，「利用する」ことと「維持する」ことを森林環境教育の中で教えていかなければならない。多くの日本人は森林が大切なことはわかっていても，森林の利用と管理についてはほとんど認識がない。自分たちの生活に必要な木材や紙やバイオマスエネルギーの資源を生み出す人工林を理解し，地球温暖化問題の対策のために「木を伐って利用する」ことの必要性を正確に知らせなければならない。

人工林を維持するための間伐をはじめとする林業体験を行い，人工林の立木密度管理を教え，木を伐ることの意義をしっかりと説明し，林業の大切さと大変さを体験させることが大事である（写真10–3）。そして，1人でも多くが持続可能な森林管理のために森林生態系と森林利用のバランスを保つことの大切さを認識できるように，森林環境教育と林業体験の構成と内容をよく検討すべきである。

写真10–3　子どもたちの林業体験

森林のために働く

森林のことを正しく理解できるようになると，次のステップとして森林のために働くことに進む。手入れ不足による間伐遅れで土砂災害の危険性を含む人工林が多いという日本の森林の状況を知り，自分もなにか森林のために働きたいという思いを抱くと森林環境教育は成功である。

森林所有者でさえ自分の所有する森林の状況を知らない場合が多くなり，間伐遅れの森林を増やすひとつの要因となっている。愛知県の矢作川流域のボランティアが2005年から始めた「森の健康診断」は，まさにこのような森林所有者に代わり，ボランティアが無作為抽出した人工林で立木と植生の調査を行い，森林の状況を診断する。この活動は他の地域にも広がりを見せており，参加者を多数集めている（矢作川水系森林ボランティア協議会HP）。

実際に間伐を行うボランティアも全国各地にあり，林野庁はボランティア活動による森林管理に期待を寄せている。ボランティア団体によってその組織力も技術力もまちまちであり，切り捨て間伐を中心に行うとしても，チェーンソーを使えるところもあれば，手鋸がやっとのところもある。中には利用間伐を行い，細い木材の簡易な搬出も行えるしっかりしたボランティアも存在する。ここで問題になるのは，ボランティアによる作業の安全性の確保である。

ボランティア活動といえども木を伐ったり倒したりし始めるとやはり安全衛生教育が必要になる。特に，チェーンソーや刈り払い機の使い方については安全作業講習を受けることを義務化すべきである。

森林に愛情を持つ

さらに趣味が高じて本職になる人たちも現れてきている。中には，新たな林業ベンチャーを興し，林業作業を請け負ったり，間伐材の流通を改善したりする者もいる。一般の人はそこまで行かなくても，ボランティア活動などを通して森のために働く経験を重ねるうちに，森を愛する感情が育まれることを期待する。

森林は手入れをしてもすぐにその結果が表れるわけではないので，わかりづらく，やりがいのない思いになることもあるが，10年も待っていると手入れした森林が見違えるほど大きくなり，そのときに初めて，森を育てるということの喜びを実感することができる。この喜びを知ることが，感傷的なものではなく，森林を本当に愛することの始まりであると考える。このような人が少しずつ増えていけば，新たな森林の文化が育まれてゆくものと信じる。

2 林業労働力と担い手育成

森林の仕事の担い手は，森林で働く林業技能者あるいは林業労働者（フォレストワーカー）と森林計画を立てて森林を管理経営する林業技術者に大きく分けられる。林業技能者とは，現場で作業を行う森林組合の作業班，林業事業体の作業員を指し，林業労働力の中心となる。一方，林業技術者とは，林野庁職員，都道府県の林務関係職員，技能研修などを行う普及職員，森林組合の職員など森林計画を立て，作業を監督する技術者を指す。

緑の雇用事業

日本の林業労働力は，林業の衰退に合わせるように減少し続け，2015年には4万5000人にまで落ちた（図10-1)。このような林業労働力の弱体化に対処するため，1996年に「林業労働力の確保の促進に関する法律」が制定され，

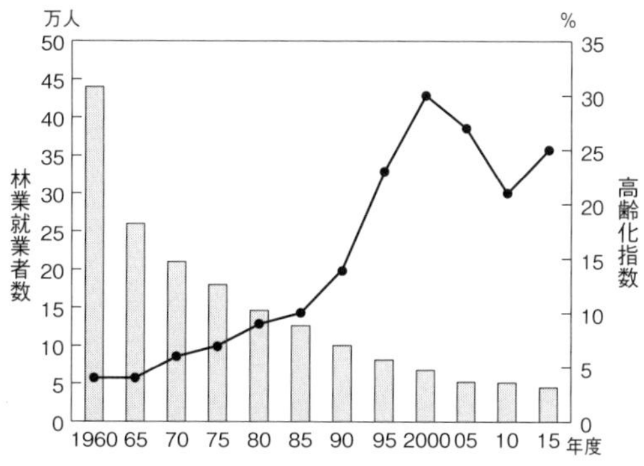

図10-1　林業就業者数と高齢化指数の推移
注）高齢化指数は，総数に対する65歳以上の比率。
出所）林野庁（2018：101）。

緑の雇用担い手対策事業が2002年から始まり，それまで2000人/年を切っていた新規林業就業者数が，2003年以降は3000人を超えるようになった（図10-2)。一方高齢化が進み，2005年には65歳以上が28％を占めており，緑の雇用事業が始まった影響もあって2010年には21％に減少したが，2015年にはまた25％に戻っている。これから70歳以上になる高齢林業技能者がどんどんリタイアしていく状況で，緑の雇用は，離職率が3年間で30％近くあり，林業労働力の減少と高齢化に歯止めをかけるには，いまだ十分であるとは言えない。

緑の雇用事業では，新規就業者は認定林業事業体に研修生として仮雇用され，まず3年間のフォレストワーカー（FW：Forest Worker）研修を受ける。FW研修は，集合研修と林業事業体におけるオン・ザ・ジョブ・トレーニング（OJT：On the Job Training）を受けて，段階的に知識と技術を身につけていく（図10-3)。研修生を受け入れている林業事業体は，緑の雇用事業から研修生1人あたり月に9万円の教育費が支払われる。

林業労働力が豊富な頃は，「技を盗め」という教育方法で意欲のある人間を

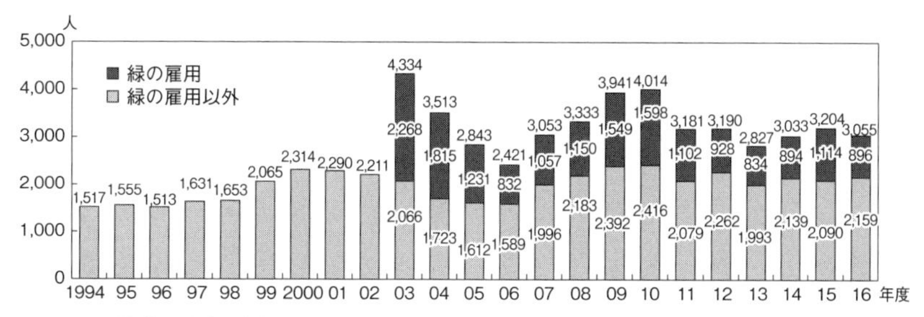

図10-2　林業の新規就業者数の推移
出所）林野庁（2018：101）。

残して育てるという気の長い教育方法で機能していた。しかし，林業労働力が減少し，都会からの脱サラによる再就職者が増え，中には高学歴の林業技能者も含まれる現在では，丁稚奉公から始めるような悠長な教育方法はなじまず，現場の戦力を確保するために1年でも早く一人前の林業技能者に養成する効果的な教育方法が求められる。

効果的な教育を進めるためには，人間の技能向上の特性をよく把握した取り組みが必要である。初めての技術を学ぶ場合，最初のうちは頭で考えながら行うため手間取り，しかも要領の良い人と悪い人の個人差も表れてばらつきが大きくなるという特徴がある。しかし，経験年数を積むほどに平均時間は指数関数的に短くなり，しかも個人差によるばらつきも小さくなる（Yamada 2005）。これを習熟曲線と呼び，技術にもよるが，難しい判断をともなわない操作や作業の場合は3～5年で平均時間の短縮効果は漸減して一定の平均時間に近づき，ほぼ一人前に習熟した状態になる。林業の技能についても同様にこの習熟曲線の傾向が当てはまるので，林業技能者の作業習熟レベルに合わせた研修システムの構築が効果的であると考える。

緑の雇用のFW研修では，研修生に対して習熟レベルに合わせた3年間の段階的教育を行い，フォレストワーカーとして一人前に育てる。その後，林業事業体に本採用となって現場で林業技能者として活躍する。現場での作業経験年数が5年経てば，緑の雇用のフォレストリーダー（FL：Forest Leader）研修の受講資格ができ，班長としての教育を受けることができる。それから，さらに5年以上の現場での作業経験を積めば，フォレストマネージャー（FM：Forest Manager）研修の受講資格ができ，林業技能者のキャリアアップができるシステムとなっている。

林業技能講習

林業技能者は作業員としての一人前の作業技術と経験を有することは当然のこととして，その上に高性能林業機械の操作などの新たな技術を習得しなければならない。一方，4～11齢級の間伐を中心としてきた現在の林業技能者は，大径木の伐採などの幅広い経験を積んで技術を向上させる機会がなかなか得られない。これから大径木化していく人工林に対応するため，大径木の伐採技術

「緑の雇用」事業の研修の体系と助成月数（日数）

研修の種類	実地研修（OJT）
【試用期間】 トライアル雇用	最大3ヶ月 （上限60日）

研修の種類	集合研修 （都道府県毎に森林組合連合会等に委託して実施）	実地研修（OJT） （事業体毎に実施）
【新規就業者】 林業作業士研修 （フォレストワーカー） （1年目）	28日間程度 【安全講習等】 ・普通救命講習 ・刈払機取扱作業者 ・チェーンソー伐倒等業務 ・玉掛け ・小型移動式クレーン運転業務 ・鳥獣害対策（網猟・わな猟） 【一般研修（一例）】 ・現場作業における安全力 ・チェーンソーのメンテナンス ・安全な造林作業 ・コンパス測量の方法 ・チェーンソーによる素材生産の進め方	実践研修 最大8ヶ月 （上限140日）
（2年目）	29日間程度 【安全講習等】 ・不整地運搬車運転業務 ・はい作業従事者 ・機械集材装置の運転業務 ・車両系建設機械運転業務 ・走行集材機械の運転業務 【一般研修（一例）】 ・森林整備での労働災害 ・チェーンソーのメンテナンス ・GPS測量の方法 ・かかり木処理の進め方 ・安全な伐倒作業の確認	実践研修 最大8ヶ月 （上限140日）
（3年目）	21日間程度 【安全講習等】 ・簡易架線集材装置等の運転業務 ・伐木等機械の運転業務 【一般研修（一例）】 ・素材生産での労働災害 ・車両系高性能林業機械のメンテナンス ・森林整備の省力化・低コスト作業 ・安全な素材生産作業の確認 ・安全な路網開設・維持作業	実践研修 最大8ヶ月 （上限140日）

研修の種類	集合研修
【就業経験5年以上】 現場管理責任者研修 （フォレストリーダー）	16日間程度 【安全講習等】 ・造林作業の作業指揮者 ・はい作業主任者 ・地山の掘削及び土止め支保工作業主任者 【一般研修（一例）】 ・作業管理・人的管理，ミーティング・情報共有方法 ・コスト管理の考え方・手法 ・収穫調査の実践 ・目標林型に向けた施業方法 ・生産性向上のための作業システム ・森林作業道作設の留意点
【就業経験10年以上】 統括現場管理責任者研修 （フォレストマネージャー）	10間程度 【安全講習等】 ・安全衛生推進者養成講習 【一般研修（一例）】 ・合意形成の進め方コミュニケーションとプレゼンテーション ・施業団地の設定とプラン作成の進め方 ・受注管理，外注管理の進め方 ・生産性の向上に向けた路網・架線・土場の配置

図10-3　緑の雇用事業の体系
出所）林野庁HP。

を継承していく必要がある。しかし，こうした技術や経験を持つ熟練技能者は高齢化しており，技術の継承が大きな問題となっている。

このような林業技能者の技術と知識の向上を目的として，林業・木材製造業労働災害防止協会による各種教育や講習が都道府県単位で行われている。県によって内容や構成が異なるが，概ね以下の研修が用意されている。

① 安全衛生教育（チェーンソーを用いて行う伐木等業務従事者，機械集材装置運転業務従事者，刈払機取扱作業者，玉掛業務従事者，林内作業車を使用する集材作業従事者，林材業リスクアセスメント実務研修など）

② 安全衛生特別教育（伐木等機械運転業務，走行集材機械運転業務，機械集材装置運転業務，簡易架線集材装置等運転業務，伐木等業務，小型車両系建設機械運転業務，ロープ高所作業従事者に対する特別教育，フルハーネス型安全帯使用作業など）

③ 技能講習（はい作業主任者，小型移動式クレーン，車輛系建設機械運転業務技能講習，不整地運搬車運転，玉掛など）

④ 能力向上教育（安全衛生推進者，林業架線作業主任者，伐木等業務修了者対象の再教育など）

⑤ 高性能林業機械研修

⑥ 基幹林業作業士（グリーンマイスター）を養成する長期研修

安全衛生教育は，ほぼ全員が受けることになっており，特に新規就業者研修でチェーンソーと刈り払い機の安全講習を受けないことには，現場での作業ができない制度になっている。それ以外の研修については，林業事業体の方針と本人の意思によって，参加は自由である。

林業事業体では資格のための研修以外は，現場で活かせない技術や知識ばかり学んでくるので，意味がないと考える向きが多い。また，研修参加には労働力確保支援センターから補助が出るのだが，作業の忙しい時期に1週間も2週間も大事な働き手に休まれては困るという思いもあり，なかなか研修への参加が進まないのが現状である。

多くの事業体では，技能向上は仕事をしながら覚えるOJTで行われており，グループ内の指導者や教育係によってその効果が異なる。例えば，林業の慣習的な教育方法では，新規就業者はなにも教えられず，ただ下働きをさせられる中で熟練者の技を盗んで自ら上達していくことが求められた。現在でもこの慣習的な教育方法が残っている旧態然とした林業事業体も多く，特に都会からの新規就業者にはなじまず，逃げられていくという結果になる。

現場の状況に合わせた柔軟な取り組み

林業技能者の養成で重要なポイントは，とにかく自分が慣れ親しんだ技術にこだわり，周りが見えなくなってくることが現場作業員の陥りやすい問題であるため，新しいものに偏見の目を向けるのではなく，新しい技術や知識に興味を抱く好奇心を持ち，良いものを評価し，自分たちの現場に取り入れる柔軟性を育成することにある。

特に問題になるのは，作業をする現場の状況をまったく考慮せずに，多少無理があっても自分の慣れ親しんだ技術で作業を実行してしまうことである。これにより森林環境や生態系に大きな被害をもたらし，更新にも影響を与え，最悪の場合は土壌流出や斜面崩壊を引き起こす危険性がある。

これだけ技術が進んでいる時代であるので，労働生産性を高めるだけではなく，環境へのインパクトを少なくする技術や手法はあるはずである。これからの林業技能者に求められることは，現場の森林の状況に合わせて適切な技術を選択できる柔軟性であり，そのために新たな情報を集め，日々研鑽を積む必要がある。そして，労働生産性と経済性のみを追い求めるのではなく，現場の森林の環境に配慮した作業法と技術を選択できるような資質を育てることが重要になる。

森林施業に必要な熟練技術の教育

一人前の作業ができる林業技能者になれば，次の段階はさらに高度な判断を求められる熟練技術の育成を進めなければならない。すなわち，リーダーから指示された作業を行うだけのいわゆる雇われ人の立場から，自分で状況を判断し，適切な方法を考えて，自ら行動できる真の林業技能者へのレベルアップである（図10–4）。

そのためには，まず皆伐施業法，長伐期施業法，複層林施業法などそれぞれの施業法の正しい知識を持ち，それらの施業法を実行するために必要な作業技

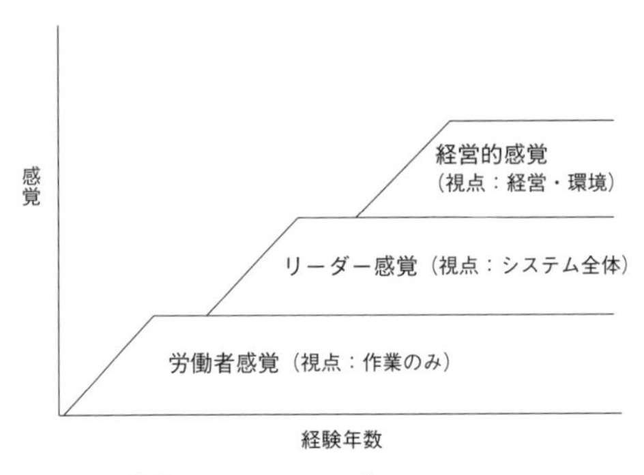

図10-4　技能のレベルアップ

術を身につけている必要がある。そして，それぞれの施業法と樹種と林齢における森林の健全性を見極め，それぞれの森林の健全性を維持するために必要な作業を適切に判断できる能力を養わなければならない。

特に，間伐ならびに択伐における選木技術は，森林の将来を左右する大事な選択であるだけに，高度な知識と経験を要する。森林経営者や林業事業体は，選木が森林管理の命運を握る技術であることを自覚して，林業技能者の育成に努めるべきである。

また，伐採した材をどのように玉切りするかを決める採材技術は，木材の売り上げに直接関係するため，高度な知識と経験のみならず最新の木材市況とニーズの情報にも明るいことが求められる。例えば，高値で売れる可能性のある大径材をすべて4mで玉切りしていては，木材市場でその可能性を失うことになる。最新の木材市況の情報を集め，木材ニーズを検討し，曲がりや腐りや枝あとなどの材の性質をよく見て，1本の材が最も高く売れるように，どの場所で何mの丸太を取るのか的確に判断できる林業技能者を育成しなければならない。

そのためには木材市場によく視察に出向いて，木材価格と木材ニーズの動向に敏感になるとともに，最終製品の使われる建築現場や小売店を見学して，川下の木材の出口の事情をよく知る必要がある。また，この川下の木材ニーズを知ることにより，森林側がどのような情報を集めて，川下に公開すべきかを検討する姿勢も求められる。例えば，産直住宅などでは生産者の顔の見える販売が川下とのつながりを深め，口コミによる宣伝効果が期待できる。また，製材工場，合板工場，バイオマス工場などへの協定取引では，森林の資源量や持続的な出材量の提示などが重要となってくる。

林業技能者は自己研鑽が求められるが，ひとつの事業体という狭い世界の中だけでは限界がある。そこで，事業体の枠を超えた林業技能者のネットワークを作り，情報交換や新たな技術や知識の学習を行える場を確保することが望まれる。

森林技術者への教育

森林・林業関係の教育機関数は，2018年4月現在で高校が72校，都道府県立農林大学校などが17校，大学が28校ある（林野庁 2019a）。これらの教育機関から毎年，多くの専門教育を受けた学生を社会に送り出しているわけであるが，農林大学校を除くほとんどの学生は森林・林業関係以外の仕事に就職している。これまでは高卒者は林業技能者になることが多く，短大卒者や大卒者は概ね森林技術者になっていたが，最近は大卒者でも林業技能者を志す者が増えてきている。

森林技術者には専門的な資格として，林業技士と技術士がある。林業技士には林業経営，森林土木，森林評価，林業機械，森林環境，林産，森林総合監理という7つの部門があり，資格取得後は林業技士会に登録され，森林計画の作成，各種調査，林道設計，環境アセスメントなどの仕事につくことができる。受験するためには7年の実務経験が必要であり，2018年現在で1万3700人が登録されている（林野庁 2019a：参考付表6）。一方，技術士は技術士法に基づく国家資格であり，科学技術に関する高等な専門的応用能力を必要とする事項についての計画，研究，設計，分析，試験，評価またはこれらに関する指導の業務を行う。森林・林業に関係する部門としては森林部門と環境部門がある。こちらも受験するためには技術士補の資格を有していることや，7年以上の実務経験などの条件がある。合格者は技術士となり，日本技術士会の会員となり，森林部門に2018年現在で1465人が登録されている（同前：参考付表6）。

他には，国際的なエンジニアとして活躍できる日本技術者教育認定制度（JABEE）がある。JABEEは認定された大学の教育プログラムを卒業した者に認められる資格であり，海外企業への就職も可能となる。2019年現在，森林分野では4つのプログラムが認定を受けている。また，提案型施業を推進するために，森林施業プランを作成し，森林所有者に働きかける森林施業プランナーを育成する研修が，2007年から全国森林組合連合会を事務局として行われている。

森林技術者の役割を考えると，彼らは森林管理の中枢を担う重要な役割を担っているわけであるから，森林管理の理念をよく理解し，現在の生産性と利益を求めるだけではなく，森林環境や生態系への影響を含めて将来への効果を考えたコスト感覚を持つことが求められる。森林を健全に保つためには，森林全体で空間的・時間的に生物多様性を維持することを基本にするというセンスを持つ必要がある。

言われた仕事をやるだけのいわゆる雇われ人の感覚ではなく，森林管理に参画しているという意識を持って，森林の状態と作業の効果を常に調査し，モニタリング調査の結果を考察し，森林計画を改善する能力が必要である。そのためには常に新たな知見を得るための情報収集に努める好奇心を持ち，研修や現地検討会に積極的に参加して見聞を広め，柔軟性を高めることが求められる。また，森林管理の理念と森林計画について社会に説明できる能力と市民や顧客と会話できるコミュニケーション能力が求められる。

このような森林技術者の自己啓発のためには，彼らをフォローアップする体制が求められる。その制度のひとつとして，森林・自然環境技術教育研究センター（JAFEE）が，一般の森林分野技術者を対象とした森林分野CPD（Continuing Professional Development）を運営している。JAFEEは森林および自然環境分野における技術者教育の発展などに貢献することを目的に関連する学協会（15団体）によって2001年度に設立された法人であり，JABEEの行う大学などの技術者教育プログラムの森林分野の審査を行うとともに，森林分野技術者の継続教育に関する事業を推進している。森林分野CPDの参加希望者はまずCPD会員になり，参加学協会の主催する講演会，研修会，現地検討会などに参加したり，学会誌に技術論文を投稿したりして，それらをCPD時間に換算して，規定時間に達すればJAFEEから証明書を発行してもらう。

2014年から登録が始まった森林総合監理士（フォレスター）は，森林・林業に関する専門的かつ高度な知識および技術ならびに現場経験を有し，長期的・広域的な視点に立って地域の森林づくりの全体像を示すとともに，市町村，地域の林業関係者などへの技術的支援を的確に実施する者と定義されている（図10-5）。森林総合監理士は，市町村森林整備計画の策定と支援を行い，森林施業プランナーを指導することを本業とするため，森林づくりに関する科学的な

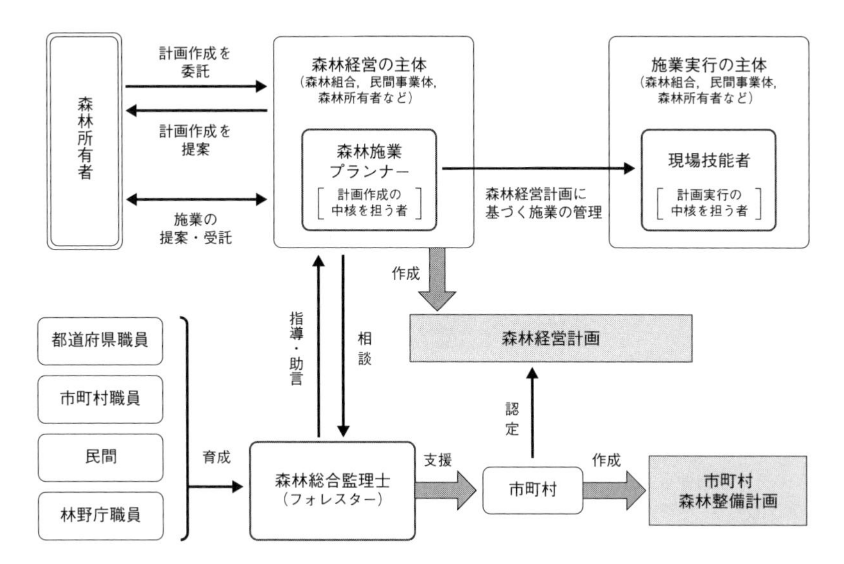

図10-5　林業を担う人材の役割
出所）森林総合監理士PRのHP。

知見，木材の生産から利用までの基本的な知識に加え，これらを地域の振興に結び付けていく構想力や，合意形成に必要なプレゼンテーション力が求められる。森林総合監理士は，厳しい試験を受けて与えられる資格であり，2018年現在1274人が登録されている（林野庁 2019a：参考付表6）。

国家の源である森林を管理し，森林資源を保続するとともに公益的機能を発揮させる使命を担っている林業技術者は，その働きを認められ，それなりの社会的地位が与えられるべきである。これにより林業技術者は，彼らの仕事にますますやりがいを見出すとともに，この仕事に憧れる若人が集まってくる。

3 林業労働の安全衛生

林業労働災害

労働災害とは，勤務時間内の作業中に発生し，死傷者をともなう事故のことであり，統計上は4日以上の休業を余儀なくされる負傷災害と死亡災害がカウントされる。林業労働災害の発生件数は減少しており，年間の木材生産量100

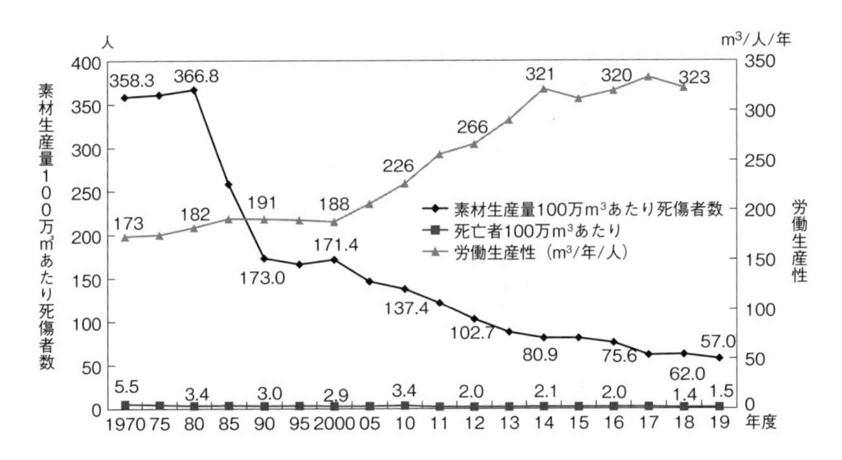

図10-6　素材生産量100万m³あたりの死傷者数の推移

出所）林材業労災防止協会の林材業労働災害防止関係統計資料より筆者作成。

万m³あたりの死傷者数の指標を見ると，1990年以降も減少が続いている（図10-6）。この影響として考えられることは，1990年から普及し始めた高性能林業機械による主に造材作業の改善にある。ところが，林業労働者1000人あたりの死傷者数の指標である死傷年千人率を見ると，1990年までは減少するが，それ以降は30‰前後の横ばい状態となり，2015年からは増加傾向に転じていた（図10-7）。この理由としては，労働災害発生件数の減少速度よりも，林業労働力の減少速度の方が速いため，死傷年千人率は横ばいあるいは漸増傾向となっていたと考えられる。2017年以降は，官民あげての労働安全衛生対策の効果が現れ始め，急激な減少傾向を示している。しかしながら，他産業の死傷年千人率は，いずれも林業より低くなり，林業が一番危険な産業となっている。全産業の死傷年千人率が2019年度に2.2‰であるため，林業の20.8‰は全産業の9.45倍にあたる。

死亡事故については，1980年にかけて激減し，2000年からは漸減状態となり，2011年からは40人前後で横ばい状態になっている。死傷者数は減少しているのに，死亡者数は変わらないということは，いまだに安全性が改善されていない作業が存在することを示している。それは高性能林業機械化の恩恵を受けていない伐採作業である。2001～2019年度の死亡者数817人のうち，58%

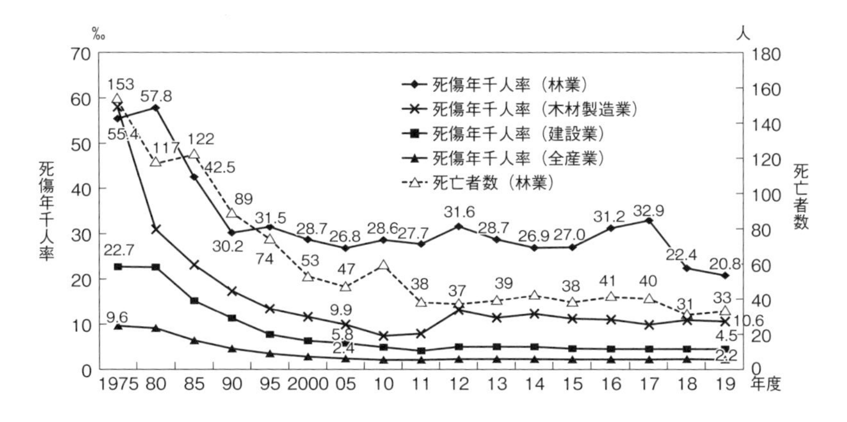

図10-7　死傷年千人率の推移
出所）林材業労災防止協会の林材業労働災害防止関係統計資料より筆者作成。

が伐採作業中の災害であった（図10-8）。特に，かかり木処理は危険であり，高性能林業機械化による改善が望まれるところであるが，地形傾斜の条件で難しく，これからもチェーンソー伐採作業は続くものと考えられる。

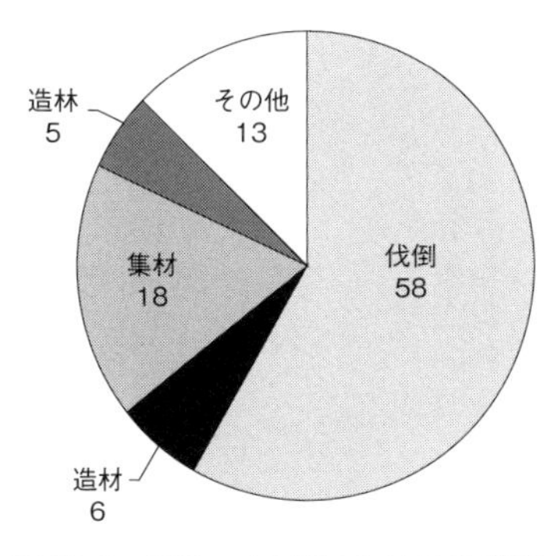

図10-8　2001～19年における林業死亡災害の作業種別割合（%）
出所）林材業労災防止協会HPより筆者作成。

また，高性能林業機械化によってキャビンの中での作業が多くなり，チェーンソー作業が主体の頃よりも切れ，擦り，打撲といった軽傷は少なくなっているが，発生数は少ないものの一度事故が起きると重大な災害につながる特徴がある。例えば，フォワーダが林道から転落したり，スイングヤーダーが材の重さに耐えられず谷側に転倒したり，プロセッサで造材中に近くにいた作業員を巻き込んだりする事故が起きている。

労働災害発生のメカニズム

労働災害は，労働環境の不安全状態（物的要因）のところに，人間の不安全行動（人的要因）が異常接触することによって発生する（図10-9）。これら不安

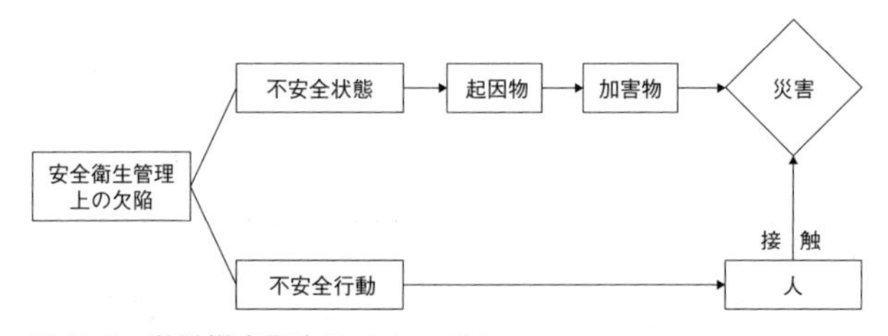

図10-9　労働災害発生のメカニズム

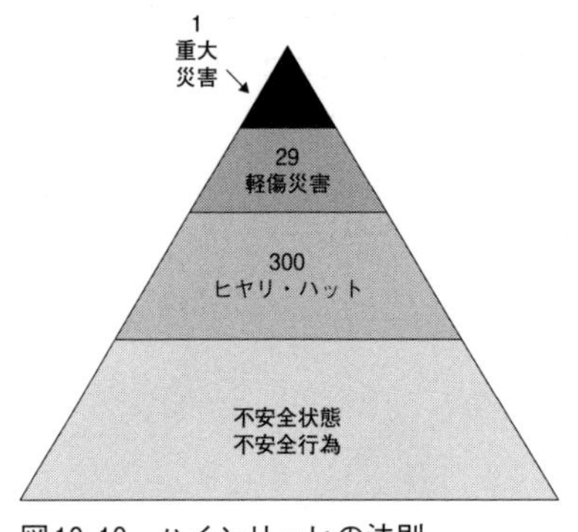

図10-10　ハインリッヒの法則

全状態と不安全行動の多くは，安全衛生管理上の欠陥によってもたらされるので，各事業体の労働安全衛生対策が求められる。

労働災害には至らないものの，作業中に体験するヒヤリまたはハッとする危険な状態（ニアミス）をヒヤリハットと呼ぶ。ひとつの重大災害（死亡災害や重傷災害）が発生すると，その下に29の類似した軽傷災害があり，それらのベースに300のヒヤリハットがあり，さらにそのベースには数千の不安全状態と不安全行動があるとされている（ハインリッヒの法則，図10-10）。

不安全状態と不安全行動をなくすことが理想的であるが，これらから引き起こされるであろう危険を予知するセンスを磨く危険予知（KY）トレーニングが労働災害を回避するために有効である。危険予知（KY）活動は，作業を開始する前に，ヒヤリハットや日常作業で体験する危険性や有害性について，作業班の中で話し合って共有することであり，班員全員の安全意識と危険を回避するセンスを作業現場に合わせて高めるために非常に効果的な対策である。一般的には4ラウンド法による次の手順で行われる。1R（現状把握）どんな危険が潜んでいるか？　2R（本質追求）これが危険のポイントだ，3R（対策樹立）あなたならどうする？　4R（目標設定）私たちはこうする。

リスクアセスメント

厚生労働省は，不安全状態をなくして労働環境を改善するためにリスクアセスメントを全産業に推奨している。リスクアセスメントは，ILO（国際労働機関）によって2001年に開発されたもので，職場の労働環境を改善するために，事業者が主体となって職場全体で行う対策である。基本的な手順は，①危険源（ハザード）を特定する，②特定されたハザードの重大性と発生可能性よりリスクを推定する，③リスクの大きさにより優先順位を付けてリスクの低減措置を実施する，④対策実施後に再度リスクアセスメントを行い許容可能なリスク以下になったかを確認する。

しかしながら，林業の労働環境は，森林という自然環境の中であり，根本的にリスクをなくすことはできない。そのため，林業のリスクアセスメントは，リスクの洗い出しと評価で終わり，対策は人間側のKY活動と変わらない内容にとどまっている。本来のリスクアセスメントは，単に現場のリスクの共有による安全意識の向上のみならず，経営者も加わることによる組織全体としての労働環境の改善，防護具の支給や安全な機械類の導入など事業体としての工学的対策，ならびに作業計画前のリスクの洗い出しによる作業計画の改善などの本質的対策が本来的な目的であるが，林業ではあまり理解されていない。

ILOが2001年に出した労働安全衛生マネジメントシステム（OSH-MS）は，次の4つのポイントが示されている（大関 2002：245-248）。まず，①トップによる安全衛生指針の表明を行うことから始まり，②PDCAサイクル構造でのマネジメントを行い，③プロセスを明文化することにより記録し，①〜③を実現するためのツールとして，④リスクアセスメントと対策の実施を推奨している。

Safety ⅠからSafety Ⅱへ

近年は，システムが複雑に巨大化しており，すべてのリスクを洗い出すことが困難になりつつある。そこで，リスクアセスメントに見られる職場のリスクをすべてなくして労働災害を撲滅するという今までのセーフティⅠ（Safety Ⅰ）の考え方から，成功事例に学んで，それを真似ることにより労働災害のリスクを減らすという新たなセーフティⅡ（Safety Ⅱ）の考え方に変わりつつある（ホルナゲル 2014）。ILOが1994年に出したWISE（中小企業改善活動，Work Improvements in Small Enterprises）は，リスクアセスメントを自力で行えない中小企業が，良い改善事例を知り，チェックリストに従って自分の職場を評価し，取り組める改善を自主的に行うという対策である（ILO 2004，久宗 2016）。日本では水産と船舶業界で船内向け自主改善活動（WIB：Work Improvement on Board）が普及しており，一定の効果をあげている（自主改善活動協会HP）。筆者らは，林業向け自主改善活動（WIFM：Work Improvement on Forest Management）を開発している。

労働安全衛生対策

労働災害を防止するための労働安全衛生対策は，以下の4つの対策を段階的に講じることが推奨されている（豊田 2010：68）。①危険性を除去または低減する措置：危険な作業の廃止・変更，より安全な施工方法への変更など，設計や計画の段階から危険性を除去または低減する。②工学的対策：①の措置により除去しきれなかった場合，林業機械のヘッドガード，運転席の防護柵，安全装置などの措置を実施する。③管理的対策：①および②の措置により除去しきれなかった場合，作業マニュアルの整備，立入禁止措置，指差し呼称，ツールボックスミーティング，危険予知活動，リスクアセスメント，監督者の配置，安全教育，安全大会，安全会議，緊急時の対応，健康診断などを実施し，作業者などを管理する。④個人用保護具の使用は，①から③までの措置により除去されなかった場合，チェーンソー用防護ズボン，ヘルメット，イヤーマフ（または耳栓），保護バイザー（または防塵メガネ），防振手袋，安全靴，安全帯などの使用を義務づけるものである。以下に管理的対策として，労働災害削減効果が期待される指差し呼称とツールボックスミーティング，ならびに個人用保護具としてのチェーンソー防護ズボンを紹介する。

指差し呼称

指差し呼称は，「目で見て，人差し指を差して，大きな声に出す」ことであり，安全確認不足による労働災害を防止するために推奨される効果的な対策である。視覚による確認だけでは見落としの危険性があるため，これに指差し動作と声出しを合わせることで安全確認をより確実なものとする。労働災害の多発する伐採作業では，伐採作業を始める前に周囲の安全確認（周り，ヨシ！），上方の安全確認（上，ヨシ！），退避方向の安全確認（退避場所，ヨシ！）を行うことが求められる。

ツールボックスミーティング

ツールボックスミーティング（TBM）は，作業現場で工具箱を囲んで作業班単位で行うミーティングのことであり，班員の安全意識を高めるために効果的な対策である。特に，作業を始める前の朝のミーティングは安全作業を進める上で大事であり，その日の作業内容と作業段取りを確認するとともに，安全作業上の問題点や考えられる危険性を話し合い（危険予知活動），服装と安全装備のチェックを行い，さらに班員の体調にも気をつける。また，状況に応じて昼休みと作業後にもミーティングを行うことが推奨される。特に，ヒヤリハットが発生した場合は，作業後に必ずミーティングを行い，リスクの共有と対策を話し合う必要がある。

チェーンソー防護ズボン

チェーンソーによる負傷は左太腿と左脛に集中しており，腰から下の両脚部を保護することによりチェーンソーによる負傷の60％を防げることを鹿島と上村は明らかにしている（鹿島・上村 2008）。チェーンソー防護ズボンは，ズボンタイプとチャップスタイプがあるが，どちらも防護部分にポリエステル繊維を織り込んだ層が5～7層入っており，チェーンソーによって防護ズボンの表布が切れると，ポリエステル繊維が刃に絡まって引き出され，これがソーチェーンの駆動側のスプロケットに巻き付いて，強制的にソーチェーンの動きを止める仕組みである。チェーンソー防護ズボンは，緑の雇用事業で研修生に無料で配布することにより全国的に普及し，チェーンソーによる切創での死亡災害はほとんどなくなった。2019年4月施行の労働安全衛生規則の一部改正により，事業者に対するチェーンソーによる伐木等作業を行う労働者への下肢を防護する保護衣の着用が義務付けられた。

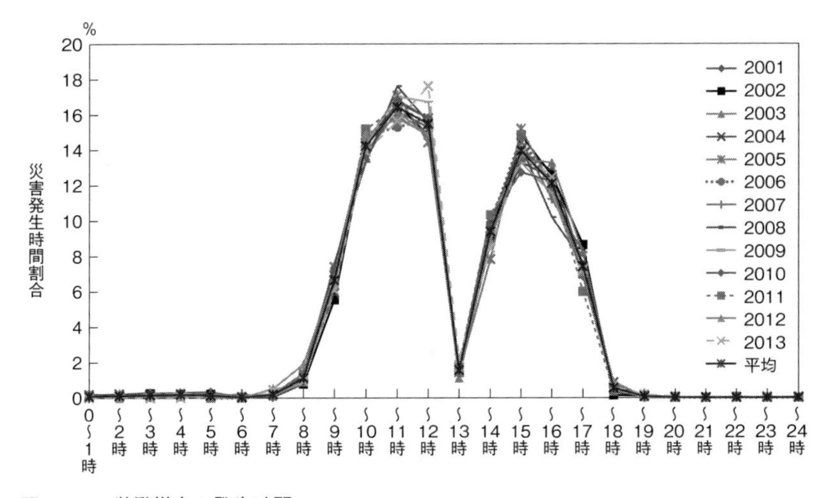

図10‒11　労働災害の発生時間
出所）2001～13年までの労働災害集計から筆者作成。

労働災害が頻発する時間帯

労働災害の発生は，機械側のハード面の問題ばかりではなく，実のところ作業する人間側にその多くが起因している。その原因は，人間の注意力の低下，思い込み，そして無理な作業にある。朝8時から夕方5時まで働く場合に，人間は生理的に注意力が低下する時間帯がある。2001年から2013年までの13年間の林業労働災害データを集計した結果，労働災害が発生する時間帯は，午前10時から午前12時の2時間，午後2時から午後4時の2時間に集中していることが明らかとなった（図10‒11）。この分析結果から，人間の注意力は最大で2時間くらいが持続の限度であることがわかり，2時間働いたら休憩を入れるように心がけるという科学的根拠となっている。これは車の運転でも言われていることであり，「2時間運転したらサービスエリアで休憩をとりましょう」とアドバイスされている。

思い込みの危険性

次の要因である人間の「思い込み」は，熟練度に関係なく起きる大きな問題である。日頃慣れた作業を行っていると，いつもどおり安全であるという思い込みができてしまい，ついつい注意力が不足したり，いつもと違う兆候が作業の中に現れても気づかなかったりということがある。例えば，土場でプロセッサによる造材作業を行っていたところ，いつもは人がいないはずの作業範囲内に，たまたま他の作業員が入り込んでいて，それに気がつかずに巻き込んでしまうという事故が起きている。これはオペレーターが「いつも通り安全だろう」と思い込み，安全確認を怠って作業をしていたことが原因になる。

無理な作業はさせない

無理な作業は，安全性を極めて低下させるため，絶対に行うべきではない。現場でよく行われている無理な作業は，運搬回数を減らすために，フォワーダや林内作業車やトラックに丸太を過積載することである。過積載した車は積載量を超えているために制動力が鈍り，重心が高くハンドルを取られ，転倒しやすくなり，事故を起こす危険性が高まる。また，重量オーバーの車が往来することで，轍が深くなり，道を傷め，道路の維持管理費が嵩むことにもつながる。このようなその場さえしのげれば良いという考えで無理な作業をしないように心がけるとともに，林業事業体の経営者側も作業員に厳しいノルマをかけて無理な作業を強いることがないように反省すべきである。

楽しみながら安全教育

通常の労働安全講習会では，テキストに従って講師が解説していく一方的な講義形式がとられている。しかし，受講生の多くは，自分たちの働く現場にこれらの知識を結びつけることができず，場合によっては興味の持てない講習会になりがちである。そこで，労働安全講習会の補助具として，ボードゲームを楽しみながら安全知識を再確認できる林業安全ゲームと，危険な作業をバーチャルリアリティーで体験できるシミュレーターの取り組みを紹介する。

林業安全ゲームは，ヨフィ博士が創案したツールであり，ほとんど安全教育を受けていないインドネシアの林業労働者向けのチェーンソー伐木作業の安全教育ツールとして開発された（Yovi and Yamada 2015）。インドネシアのボゴール農科大学と愛媛大学の二国間共同研究で日本版の林業安全ゲームの開発を行い，筆者が改良を進めている。林業安全ゲームはスゴロク形式のボード

写真10-4　林業安全ゲームでコミュニケーション

ゲームであり，サイコロを振って持ちコマを動かし，50マスの中に4種類のマスがあり，該当するカードを引くことによって安全知識を得ることができる。4種類のカードには，知識カードとそれに対する質問カードがあり，質問に答えることでコインのやり取りがあり，ゲームを楽しみながら学ぶことができる。このゲームの長所としては，質問カードがまったく無作為に引かれるため，まさに現場で対処しなければならない知識と似たようなタイミングで回答を求められる。この無作為な質問が，単調感や退屈さをなくす（写真10-4）。

また，プレーヤーが質問の回答に困ると，ゲームマスターがヒントを与えたり，他のプレーヤーが関連した体験談を話したりして，ゲームを囲んでグループのコミュニケーションが進むという副次的な効果がみられる。最近は，自家用車で作業現場に通うことが多くなり，昼休みも自分の車の中で過ごすため，作業班の中でのコミュニケーションが少なくなってきている。また，車があるため飲み会が敬遠され，酒席でのコミュニケーションもなくなりつつある。林業安全ゲームを使うことにより，このような作業班や会社の中でコミュニケーションを促進することが期待される。

林業安全ゲームではカードに書かれた文字の知識を再確認するだけであるので，それをサポートする形で，現場で再現ができない林業労働災害をバーチャルリアリティーで体験できるシミュレーターを利用すると効果的である（図10-12）。林業労働災害VRシミュレーターのシナリオには，実際にあった死亡災害事例が使われており，しっかり作り込まれた人工林空間の中で伐採木の危険な動きを体験できる。この林業労働災害VRシミュレーターを使うことにより，効果的なKY活動を行うことができ，より実践的な安全教育につながる。

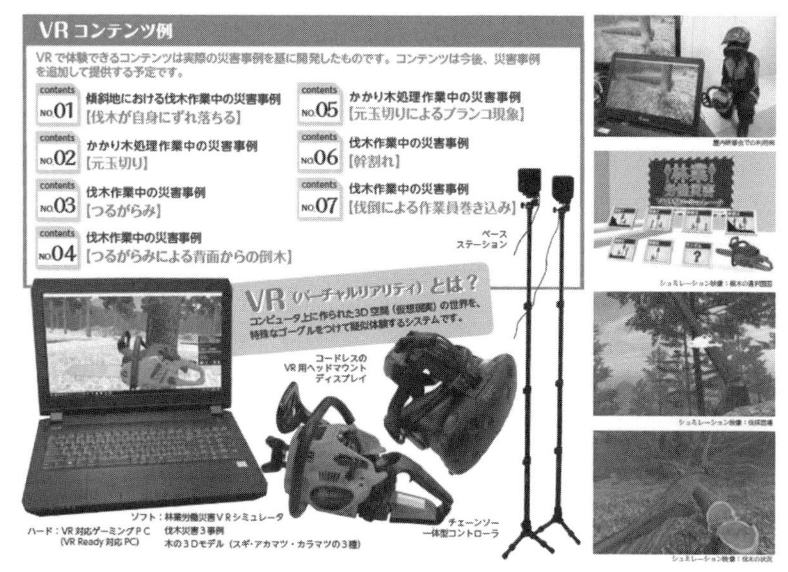

図10-12　林業労働災害VRシミュレーター
出所）森林環境リアライズHP。

4 安心して働ける職場の保証

林業は3Kの仕事といわれて久しい。すなわち「きつい，危険，汚い」のアルファベットの頭文字Kを数えて3Kと称している。危険については，前節で述べたとおり，林業は日本で一番危険な産業である。誰しも自分の子どもを危険だとわかっている仕事に就かせたくはない。若い林業労働力を確保するためには，いかに労働災害を減らして，安全な職場を実現するかが喫緊の課題となっている。

「きつい」については，林業技能者の肉体的負担は，高性能林業機械の導入により重筋労働から座位作業に移行したことで画期的に改善されつつある。林業作業の生理的負担は，心拍数を計測することにより簡易的に予測をおこなうことができる。よく使われる指標としては，作業時の心拍数が年齢による最高心拍数の何%にあたるかを示した心拍水準，あるいは安静時心拍数からの増加率である心拍増加率から変換式で求めたRMRがよく用いられている（表10-1）。

表10-1　林業作業のRMR

機械 作業種	労働負担 RMR	日常作業 運動	労働負担 RMR
フェラーバンチャ	1.8	乗物（座位）	0.5
ハーベスタ	1.3	乗物（運転）	0.7
スキッダ	1.1	座位軽作業（パソコン）	1.0
フォワーダ	0.7	立位軽作業（理髪）	2.0
タワーヤーダ	2.4	歩行軽作業（配達）	3.0
プロセッサ	0.4	軽筋労働（園芸）	3.0
チェーンソー伐採	3.9	中筋労働（農業）	4.5
荷掛手	5.8	重筋労働（土木）	6.0

出所）今冨・山田（2001：169）。

これらの指標によるとチェーンソーによる伐採作業，架線集材に荷掛け作業などの人力作業は重筋労働に相当するのに対して，プロセッサの操作は座位作業による軽労働に相当する。確かに高性能林業機械化によって造材作業の生理的負担は劇的に改善されているが，急傾斜地の多い日本では最も重労働のひとつである伐採作業はいまだにチェーンソーに頼らざるをえず，この部分の労働環境はまったく改善されていない。また，スイングヤーダーによる集材作業では，オペレーターの生理的負担は改善されているが，荷掛け手の労働環境はまったく改善されていない。

「汚い」については，最近のウェアは，昔の作業着に地下足袋姿の汚いイメージから，外国製を中心とするファッショナブルで格好良いイメージに変わりつつある。特に，若い林業労働者の多い職場は，見た目の良さが大事なポイントとなる。チェーンソー防護ズボンを購入する際に，ヘルメット，上着，手袋，安全ブーツに至るまで，頭の上から足先までトータルで購入する事業体も増えてきている。

次に大事な安心して働ける職場の条件としては，やはり賃金と処遇であろう。林業労働者の年間給与所得は，全産業の平均と比べるとかなり安い（図10-13）。その格差は，20代で50万円であるが，40代では150万円以上になっている。40代や50代のベテランでも，300万円を少し超えるくらいであり，危険できつい仕事の割にはベースが低すぎる。高知県のT社では，全林業労働者の

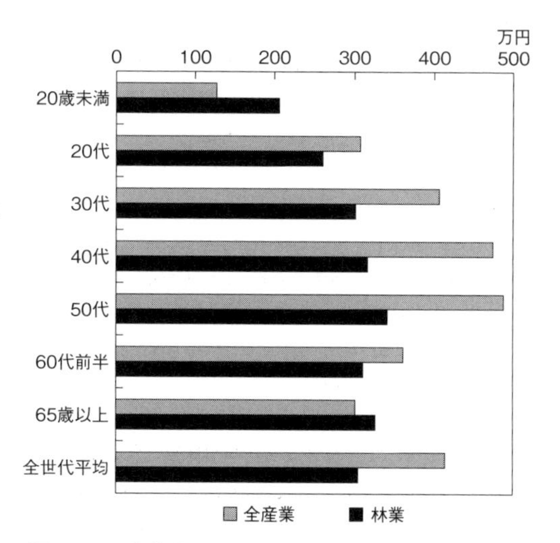

図10-13　林業労働者の年齢別年間給与所得

出所）国税庁「民間給与実態統計調査（平成25年分）」，林野庁業務資料。

注1）全産業は，1年を通じて勤務した給与所得者の平均給与。

2）林業は，平成25年度アンケート調査結果における年間就業日数210日以上の者について，年齢別，所得別回答者数により試算。

給与を1.5倍にしたところ，労働生産性が向上し，林業労働災害も減少したと聞く。給与が林業労働者のモチベーションに与える影響は，かなり大きいと考えられる。

また，給与ベースは低いものの，能力評価システムを導入して，基本給に能力差を付与したり，成果に見合った報酬を出したりして，林業労働者のモチベーションを高める取り組みをしている林業事業体は7割を超えている。緑の雇用のフォレストリーダーやフォレストマネージャーなどになる，あるいは各種資格や免許を取ってキャリアアップすることにより，それ相応の処遇があると，さらに林業労働者のモチベーションが高まり，向上心が芽生えて，自己研鑽に努めることになる。

次に課題となるのは山村生活である。林業労働者の給与は高くないが，山村で生活するには不十分ではない。閑な農地はいっぱいあり，そこで野菜を育てることができる。また住宅費は安く，近所との日常の助け合いもあり，都会で暮らすよりもコストは安く済むようである。しかし山村生活で問題となるのは，教育と医療である。これに加えてショッピングも不便である。そのため，お金のかかる町で暮らす林業労働者が増え，山村の過疎化がますます進むことになる。彼らは自家用車で作業現場に1時間以上かけて通うため，ガソリン代も馬鹿にならない。情報の方は，光ケーブルによるインターネットが引ければ，都会で暮らすのも山村で暮らすのも何も変わらない。教育はTVやPCによる遠隔授業も可能になるかもしれない。残るは医療の問題だけとなろう。

◉——参考文献

エコツーリズム推進会議HP　http://www.env.go.jp/nature/ecotourism/try-ecotourism/env/kaigi/kaigi.html（2019年10月15日閲覧）

エリック・ホルナゲル　2014「Safety-IからSafety-IIへ——レジリエンス工学入門」『オペレーションズ・リサーチ』2014年8月号：435–439

Gathright, J. R., Y. Yamada and M. Morita 2008. Tree-assisted therapy: Therapeutic and societal benefits from purpose-specific technical recreational tree-climbing programs. *Arboriculture and Urban Forestry* 34（4）: 222–229

久宗周二　2016『参加型自主改善活動のすすめ——自主的な労働安全衛生の実施を目指して』創成社

ILO 2004. *WISE*. ILO

今冨裕樹・山田容三　2001「作業実行　よりよいオペレーティングのために」井上源基他『機械化のマネジメント』全国林業改良普及協会，164-194頁

自主改善活動協会HP　https://www.wib-or.com/（2019年10月17日閲覧）

鹿島潤・上村巧　2008「チェーンソー作業におけるソーチェーンによる被災状況と防護服による災害防止効果」『森林利用学会誌』22（4）：275–278

大関親　2002『新しい時代の安全管理のすべて』中央労働災害防止協会

林野庁　2018『森林・林業白書　平成29年版』日本林業協会

林野庁　2019a『森林・林業白書　平成30年版』日本林業協会

林野庁　2019b『森林・林業統計要覧2019』

林野庁HP　https://www.rinya.maff.go.jp/j/routai/koyou/attach/pdf/03-1.pdf（2019年10月17日閲覧）

林材業労働災害防止協会HP　http://www.rinsaibou.or.jp/（2019年10月29日閲覧）

森林環境リアライズHP　https://www.f-realize.co.jp（2019年10月29日閲覧）

森林セラピーソサエティHP　https://www.fo-society.jp/（2019年10月15日閲覧）

森林総合監理士PRサイト　http://foresterjp.net/pr/about.html（2019年10月29日閲覧）

豊田寿夫　2010「リスクアセスメントからマネジメントシステムへ——ALARP達成手法の開発とシステムへの展開」『労働安全衛生研究』3（1）：67–78

Ulrich, R. S., R. F. Simons, B. D. Losito, E. Fiorito, M. A. Miles and M. Zelson 1991. Stress recovery during exposure to natural and urban environments. *Journal of Environmental Psychology* 11: 201–230

矢作川水系森林ボランティア協議会HP　http://www.yamorikyou.com/（2019年10月15日閲覧）

Yamada, Y. 2005. Research on training process of operating high performance forestry machines, Proceedings of the International Seminar on Synergistic Approach to Appropriate Forestry Technology for Sustaining Rainforest Ecosystems, Bintulu Malaysia, pp.7–16

Yamada, Y. 2006. Soundscape-based forest planning for recreational and therapeutic

activities. *Urban Forestry and Urban Greening* 5 (3) : 131–139
Yovi, E. and Yozo Yamada 2015. Strategy to disseminate OSH information to the forestry workrs: The safety game. *Journal of Tropical Forest Science* 27 (2) : 213-221

【コラム】
1に安全，2に環境，3に生産性

ヘルメットに地下足袋姿の小さな小父さんが，大きな林業機械の前に立って指図をしています。なにかトラブルが起きるとすぐにその現場に現れて，作業員たちを厳しく指導します。その指導が頻繁に入るので，その度に作業が中断し，実のところ労働生産性はあまり上がっていないように思われます。その小父さんこそが熊本県人吉市の泉林業の先代社長である故・泉忠義氏です。社長は80歳になられていたのですが，とてもお元気で，作業路の調査では真っ先に藪の中を掻き分けて進まれ，私たちがとてもついて行けないほど速く歩かれていました。

泉社長はいち早く高性能林業機械を作業現場に導入し，伐出作業における労働生産性の向上に努められてきました。晩年になっても新しい技術や情報の収集にご熱心で，新しく開発された林業機械の作業試験を快くお引き受けになり，東京で開かれる各種委員会の委員を歴任されるとともに，林業関係のイベントには必ず出席されていました。

写真10-5　洗い越しを傷つけないように枝条を敷く作業を指導する泉社長

しかし，その社長が現場ではなにがなんでも生産性を上げろとは言われません。社長は40年前に若い作業員を労働災害で亡くすという辛い経験をされています。その事故以来，労働災害ゼロ（ゼロ災）を目指すことを会社のモットーとされるとともに，毎年，被災者の命日には社員全員でお墓参りをされ，墓前でゼロ災の決意を新たにされておられました。

環境については，「間伐や主伐の作業を請け負う会社であるので，生産性を上げるために山を荒らしていては元も子もなくなり，次からの仕事が来なくなる」といわれ，伐出作業で周りの残存木を傷つけないようにかなりの配慮をされておられました。

このように泉社長は，1に安全，2に環境，そして最後に労働生産性を向上させることに努めるという明確な基準をお持ちで，それを現場に徹底するためには作業を中断してでも指導を行っておられました。「なにを大事にすべきか？」ということをしっかりとお持ちの泉社長に敬服するとともに，素材生産業業者としての泉林業の企業倫理の高さに驚かされました。

◉——参考文献

泉忠義　2005『林業改良普及双書150　林業わが天職——ゼロ災で低コスト林業に挑む』全国林業普及協会

第11章　私たちの自由と責任

現代社会の私たちの生活は，科学技術の進歩による豊かさを享受している。エアコンで夏は涼しく，冬は暖かく快適に過ごせる。遠い外国にも飛行機で自由に行き来できる。近くのコンビニでは日常に必要な物の多くがすぐに揃い，ファーストフードに行くと待たずに食べ物を提供してくれる。インターネットで発注すると早い場合は翌日に商品が届く。スーパーには季節を問わず温室栽培された野菜や果物が並ぶ。このようにお金さえあればなんでも解決できる社会になり，私たちは自然環境とかけ離れた都市生活を送っている。しかし，このために私たちはどれだけ多くの生物資源とエネルギーを無駄使いし，大量生産・大量消費・大量廃棄にどれだけ加担していることであろうか。私たち先進国の消費者は，ただごく普通に当たり前に暮らしているつもりでいても，それだけで日々あらゆる行動において，自然環境と生態系に悪影響を与えているという現実をよく考える必要がある。

本田は，「個人の自由を最優先して重視する社会の中では，対環境的行為における責任はしばしば軽視される傾向にある」と述べ，現代社会の中で特に経済活動の自由が著しく偏重されていることを指摘している（本田 1998：188）。個人の自由は，産業界やマーケット関係組織のコマーシャリズムによって意図的に操作され，私たち消費者の価値観や生活様式の画一化・没個性化が進行し，否応もないままに大量生産・大量消費・大量廃棄の社会に巻き込まれていく。本田は，このような活動・生活を維持することは，「自然環境と現在・未来の全人類および全生物に対する無責任な甘えでしかない」と断じている（同前：190）。

地球規模の自然環境を保全するために，私たちは現代社会の自由と豊かさを犠牲にして，不自由で貧しい生活に戻れるであろうか？　その答えは否定的にならざるをえない。温暖化が進行する中で，夏場にエアコンを使わないと熱中症になる危険性があり，冷蔵庫がなければ大量の食品を腐らせることになる。しかし，昔の生活に戻ることはできないにしても，日々の生活の中で身の回りのことに気をつけることによって，自然環境と生態系への悪影響を軽減することに協力することはできる。例えば，自分の消費生活の中で以下の問いかけを行い，私たちの自由と責任を見直してみる必要がある。

・安さだけで外国産の一次産物を購入していないか？
・いつでも食べられる季節感のない農産物を購入していないか？
・流行に影響される消費をしていないか？
・早さと便利さと快適性を追い求めていないか？

自分1人が頑張ったところでなにも変わらないと思われがちだが，多くの人が連携して日々の生活を見直していけば，大量消費のニーズが減少することになり，産業界はマーケットを失って方向転換をせざるをえなくなる。その方向転換は，大量生産・大量消費・大量廃棄から地球温暖化防止と自然環境に配慮する世界的な動きになるように努めたい。

1 共有地の悲劇

第3章で述べたように，気候変動枠組条約の国際的枠組みとして出された国別の温室効果ガス排出削減目標に関して，先進国側と開発途上国側の激しい議論が行われ，両者の意見は平行線のまま収束しなかった。いずれの国にとっても，自国の経済活動にブレーキをかける温室効果ガスの排出削減は，受け入れがたい目標であるに違いない。先進国側と開発途上国側は，お互いに自分の立場の正当性を主張し，地球温暖化の責任を相手側に求めようとした。排出された温室効果ガスは，大気中を上昇し蓄積されていく。確かに空にも国境があって領空権が存在するが，排出された温室効果ガスは国境に関係なく全地球の大気中に充満していく。それゆえ，地球の大気の環境は世界中の国々にとっての共有地であると考えられる。共有地とは，複数の人が共同で所有，または利用する土地のことであり，集落の共同牧草地，日本の慣習的な入り会い林野，公海上の漁場，そして大気圏などが該当する。この共有地の利用に関して，ギャレット・ハーディンは「共有地の悲劇（The Tragedy of the Commons）」という論文を出している（ハーディン 1993）。

ある共有の牧草地を利用する牧場主が3人いたとする。各人が20頭ずつの牛を共有地で放牧していた。ひとりの牧場主が，自分1人が1頭ぐらい牛を増やしてもわからないだろうし，共有地の牧草に影響が出るわけではないと考え，こっそり牛を増やしてしまった。それを知ったとなりの牧場主は，彼だけが共有地で得をするのは許せないと怒って，自分も牛を増やした。残りの牧場主は，自分だけが損をするのは嫌だと思い，同じように牛を増やした。牧場主たちは自分の利益のために，各々できるだけ多くの牛を共有地に放牧しようと競争しあい，それにともなって牛の数が増え続けていった。そして，牛の数が共有地の牧草のキャパシティを超える日が来て，牧草がすべて食べ尽くされてしまい，牛が飼えなくなってしまったという悲劇である。共有地が正当化されるのは，密度が低い状況においてのみである。牛の頭数が増加するにつれて，共有地は保てなくなる。

この悲劇を引き起こす背景には，オープンアクセス制，外部制，近視眼的個人主義の3つの要因があり，共有地の悲劇はこれらが結合したときに発生する全体利益の破壊活動であるとされている。ここで，オープンアクセス制とは，共同で利用可能な資源の利用に関して，権利構造や所有権が未確定の状態を意味し，したがって，どの社会成員もその利用に際していかなる社会的規制も受けない特殊な社会制度のことを指す。外部性とは，ある個人の私的な行動が社会成員の生活に感知しうる影響を与えることであり，例えば，自然資源の枯渇や環境破壊を引き起こす。近視眼的個人主義とは，個々の社会成員がそれぞれの行動を決定する際，自己の利益のみを基準にし，さらにその利益が短期的な目先の利益であることを指す。

地球温暖化問題は，まさに共有地の悲劇のストーリーに乗って進んでいる。それを阻止するために1994年に気候変動枠組条約が発効され，翌年から条約締約国会議（COP）が毎年開催されて温室効果ガスの削減の枠組について議論を重ねている。1995年に京都議定書が採択され，先進国だけに国別の削減目標が割り振られ，第1約束期間（2008～2012年）で実施された。しかし，京都議定書後の新たな枠組みは，先進国側と開発途上国側の意見の対立が続いて決まらず，ようやく2015年にパリ協定が採択され，2020年以降の温暖化対策の国際的枠組みが決められた。世界で最も温室効果ガスを排出しているアメリカ合衆国は，京都議定書のみならず，パリ協定も離脱している。

2 持続可能な開発目標（SDGs）

共有地の悲劇は，地球温暖化のみにとどまらない。地球の資源と環境は有限であるという観点から共有地を拡大すると，先進国側による開発途上国の資源の略奪や，それにともなう環境破壊，あるいは先進国側への富の集中による開発途上国側の貧困，それにともなう先進国側の飽食と開発途上国側の飢餓も該当することになる。

持続可能な開発目標（SDGs）

このような不均衡と不平等をなくし，共有地の悲劇を避けるために，「持続可能な開発のための2030アジェンダ」が2015年の国連サミットで採択され，その中で「持続可能な開発目標（SDGs：Sustainable Development Goals）」が出された。SDGsは2016年から2030年の目標であり，「地球上の誰一人として取り残さない」をモットーに，持続可能な世界を実現するための17のゴール（目標）と169のターゲットから構成されている。SDGsは，発展途上国のみならず，先進国自身が取り組むユニバーサル（普遍的）な目標である。17の目標は以下のとおりである（国連開発計画駐日代表事務所HP）（図11-1）。

図11-1　持続可能な開発目標の17のゴール

目標1　あらゆる場所のあらゆる形態の貧困を終わらせる

目標2　飢餓を終わらせ，食料安全保障及び栄養改善を実現し，持続可能な農業を促進する

目標3　あらゆる年齢のすべての人々の健康的な生活を確保し，福祉を促進する

目標4　すべての人に包摂的かつ公正な質の高い教育を確保し，生涯学習の機会を促進する

目標5　ジェンダー平等を達成し，すべての女性及び女児の能力強化を行う

目標6　すべての人々の水と衛生の利用可能性と持続可能な管理を確保する

目標7　すべての人々の，安価かつ信頼できる持続可能な近代的エネルギーへのアクセスを確保する

目標8　包摂的かつ持続可能な経済成長及びすべての人々の完全かつ生産的な雇用と働きがいのある人間らしい雇用（ディーセント・ワーク）を促進する

目標9　強靱（レジリエント）なインフラ構築，包摂的かつ持続可能な産業化の促進及びイノベーションの推進を図る

目標10　各国内及び各国間の不平等を是正する

目標11　包摂的で安全かつ強靱（レジリエント）で持続可能な都市及び人間居住を実現する

目標12　持続可能な生産消費形態を確保する
目標13　気候変動及びその影響を軽減するための緊急対策を講じる
目標14　持続可能な開発のために海洋・海洋資源を保全し，持続可能な形で利用する
目標15　陸域生態系の保護，回復，持続可能な利用の推進，持続可能な森林の経営，砂漠化への対処，ならびに土地の劣化の阻止・回復及び生物多様性の損失を阻止する
目標16　持続可能な開発のための平和で包摂的な社会を促進し，すべての人々に司法へのアクセスを提供し，あらゆるレベルにおいて効果的で説明責任のある包摂的な制度を構築する
目標17　持続可能な開発のための実施手段を強化し，グローバル・パートナーシップを活性化する

森林は目標15に含まれており，森林に関連するターゲットを以下に抜粋する（農林水産省HP）。

15.1　2020年までに，国際協定の下での義務に則って，森林，湿地，山地及び乾燥地をはじめとする陸域生態系と内陸淡水生態系及びそれらのサービスの保全，回復及び持続可能な利用を確保する。
15.2　2020年までに，あらゆる種類の森林の持続可能な経営の実施を促進し，森林減少を阻止し，劣化した森林を回復し，世界全体で新規植林及び再植林を大幅に増加させる。
15.4　2030年までに持続可能な開発に不可欠な便益をもたらす山地生態系の能力を強化するため，生物多様性を含む山地生態系の保全を確実に行う。
15.5　自然生息地の劣化を抑制し，生物多様性の損失を阻止し，2020年までに絶滅危惧種を保護し，また絶滅防止するための緊急かつ意味のある対策を講じる。
15.8　2020年までに，外来種の侵入を防止するとともに，これらの種による陸域・海洋生態系への影響を大幅に減少させるための対策を導入し，さらに優先種の駆除または根絶を行う。

15.9　2020年までに，生態系と生物多様性の価値を，国や地方の計画策定，開発プロセス及び貧困削減のための戦略及び会計に組み込む。

15.a　生物多様性と生態系の保全と持続的な利用のために，あらゆる資金源からの資金の動員及び大幅な増額を行う。

15.b　保全や再植林を含む持続可能な森林経営を推進するため，あらゆるレベルのあらゆる供給源から，持続可能な森林経営のための資金の調達と開発途上国への十分なインセンティブ付与のための相当量の資源を動員する。

持続可能な森林管理（SFM）

SDGsの森林に関するターゲットは，そのまま持続可能な森林管理（SFM：Sustainable Forest Management）に当てはまる。持続可能な森林管理は，1992年にリオ・デ・ジャネイロで開催された国連環境開発会議で採択された森林原則声明とアジェンダ21に始まる。アジェンダ21の第11章では，温帯林や北方林を含むすべてのタイプの森林について持続可能な管理がなされることが必要とされ，すべてのタイプの森林の経営，保全および持続可能な開発のための科学的に信頼できる基準及び指標を策定することが明記された。世界では以下の9つのプロセスがあり，それぞれに基準と指標がつくられている（森林総合研究所 2011：12）。

国際熱帯木材機関加盟生産国：ITTOプロセス（27ヶ国，5基準，27指標）
欧州の温帯林・北方林諸国：汎ヨーロッパ森林プロセス（38ヶ国，6基準，27指標）
非欧州の温帯林・北方林諸国：モントリオール・プロセス（12ヶ国，7基準，67指標）
アマゾン協力条約加盟国：タラポト・プロポーザル（8ヶ国，7基準，47指標）
サハラ以南の乾燥アフリカ諸国：乾燥アフリカイニシアティブ（27ヶ国，7基準，47指標）
北アフリカ・中近東諸国：中近東プロセス（30ヶ国，7基準，65指標）
中央アメリカ諸国：中央アメリカ・ラパチュルクプロセス（7ヶ国，8基準，52指標）
熱帯アフリカ諸国：アフリカ木材機関プロセス（13ヶ国，5原則，60指標）

南アジア・東南アジア乾燥林：アジア乾燥林プロセス（10ヶ国，8基準，49指標）

日本はモントリオール・プロセスに加わり，この基準と指標を遵守しながら持続可能な森林管理を行うことになる。

モントリオール・プロセスの基準と指標

モントリオール・プロセスは，1993年に主に環太平洋地域の12ヶ国が集まり，欧州以外の温帯林などを対象とする基準・指標づくりを行っており，2007年からは日本が事務局を務めている。モントリオール・プロセスでは，1997年に7基準と67指標が策定されたが，2007年により計測可能で，具体的かつわかりやすい指標とすることを目標に見直しを行い，指標が64に減少した（林野庁 2008）。

基準1　生物多様性の保全（9指標）
基準2　森林生態系の生産力の維持（5指標）
基準3　森林生態系の健全性と活力の維持（2指標）
基準4　土壌及び水資源の保全と維持（5指標）
基準5　地球的炭素循環への森林の寄与の維持（3指標）
基準6　社会の要望を満たす長期的・多面的な社会・経済的便益の維持及び増進（20指標）
基準7　森林の保全と持続可能な経営のための法的・制度的及び経済的枠組み（20指標）

モントリオール・プロセスの目的は，森林・林業の置かれている状況を，科学的かつ客観的な基準と指標を用いて適切に把握し，それらを森林政策の企画・立案・実践などに活かすことで持続可能な森林経営を推進していくことにあり，これからのモニタリングと森林管理の評価はこの基準と指標に準じて行われることが望ましい。持続可能な森林管理の評価にあたっては，モントリオール・プロセスの各指標に各国の実情に合わせた目標値を設定し，目標値に対する実際のモニタリング指標の到達度を得点化して判断することになる（広嶋 1999)。現在のモントリオール・プロセスの7基準と64指標を以下に示す(林野庁 2007)。

基準1　生物多様性の保全

1.1　生態系の多様性

1.1.a 森林生態系タイプ，遷移段階，齢級及び所有形態又は保有形態別の森林の面積及び比率

1.1.b 保護地域における，森林生態系及び齢級又は遷移段階別の森林の面積及びその比率

1.1.c 森林の分断状況

1.2　種の多様性

1.2.a 森林に生息・生育する在来種の数

1.2.b 法令又は科学的評価により絶滅が危惧されると認められる，森林に生息・生育する在来種の数及びその状況

1.2.c 種の多様性の保全に焦点を絞った，生息・生育地内及び生息・生育地外での取組の状況

1.3　遺伝的な多様性

1.3.a 遺伝的な多様性及び地域に適応した遺伝子型の喪失の危機に瀕している，森林に生息・生育する種の数及びその地理的な分布

1.3.b 遺伝的な多様性を示す上で特定の代表的な森林に生息・生育する種の密度レベル

1.3.c 遺伝的な多様性の保全に焦点を絞った，生息・生育地内及び生息・生育地外での取組の状況

基準2　森林生態系の生産力の維持

2.a　森林の面積及びその比率，並びに木材生産に利用可能な森林の実面積

2.b　木材生産に利用可能な森林における商業樹種及び非商業樹種の総蓄積及びその年生長量

2.c　在来種及び外来種の造林地の面積，比率及び蓄積

2.d　年間の木材の収穫量，並びに純生長量又は保続的収穫量に対する比率

2. e　年間の非木質系林産物の収穫量

基準3　森林生態系の健全性と活力の維持

3. a　標準的な状態の範囲を超えて，生物的なプロセス及び要因（例えば，病気，害虫，侵入種）により影響を受けた森林の面積及びその比率

3. b　標準的な状態の範囲を超えて，非生物的な要因（例えば，火災，暴風雨，土地造成）により影響を受けた森林の面積及びその比率

基準4　土壌及び水資源の保全と維持

4. 1　保全機能

4. 1. a 土壌及び水資源の保全に焦点を絞って指定又は土地の管理が行われている森林の面積及びその比率

4. 2　土壌

4. 2. a 土壌資源を保全するための技術指針又はその他の関係法令に適合している森林経営活動の割合

4. 2. b 顕著な土壌劣化がみられる森林の面積及びその比率

4. 3　水

4. 3. a 水に関連する資源を保全するための技術指針又はその他の関係法令に適合している森林経営活動の割合

4. 3. b 標準的な状態に比べて，物理的，科学的又は生物学的な特性に顕著な変化がみられる森林地域における水系の面積及びその比率又は流路の延長

基準5　地球的炭素循環への森林の寄与の維持

5. a　森林生態系の総炭素蓄積量及びそのフラックス

5. b　林産物の総炭素蓄積量及びそのフラックス

5. c　森林バイオマスのエネルギー利用により削減された化石燃料からの炭素の排出量

基準6　社会の要望を満たす長期的・多面的な社会・経済的便益の維持及び増進

6. 1　生産と消費

6. 1. a 一次及び二次加工を含む，木材及び木材製品の生産額及び生産量
6. 1. b 生産又は採取された非木質系林産物の金額
6. 1. c 森林が提供する環境的便益からの収入
6. 1. d 丸太換算による，木材及び木材製品の総消費量及び国民一人当たりの消費量
6. 1. e 非木質系林産物の総消費量及び国民一人当たりの消費量
6. 1. f 丸太換算による，木材製品の輸出入額及び輸出入量
6. 1. g 非木質系林産物の輸出入額
6. 1. h 木材及び木材製品の総生産量に占める輸出量の割合，並びに木材及び木材製品の総消費量に占める輸入量の割合
6. 1. i 林産物の総消費量に占める回収又はリサイクルされた林産物の割合

6. 2　森林セクターにおける投資

6. 2. a 森林経営，木材及び非木材産業，森林が提供する環境的便益，レクリエーション，並びに観光への投資額及び年間支出額
6. 2. b 森林関連の研究，普及及び開発，並びに教育への年間の投資額及び支出額

6. 3　雇用と地域社会のニーズ

6. 3. a 森林部門の雇用者数
6. 3. b 主な森林雇用区分別の平均賃金，平均年収及び年間負傷率
6. 3. c 森林に依存する地域社会の適応性
6. 3. d 生計の目的で利用される森林の面積及びその比率
6. 3. e 森林経営から得られる収益の分配

6. 4　レクリエーション及び観光

6. 4. a 一般へのレクリエーション及び観光に利用可能で，かつ／又はそのために管理されている森林の面積及びその比率
6. 4. b レクリエーション及び観光による訪問，並びに関連する利用可能な施設の数，タイプ及び地域的な分布

6. 5　文化的，社会的，精神的なニーズと価値

6. 5. a 種々の文化的，社会的及び価値を主として保護するために経営されている森林の面積及びその比率
6. 5. b 人々にとっての森林の重要性

基準7　森林の保全と持続可能な経営のための法的・制度的及び経済的枠組み

7.1　法的な枠組み

7.1.a 所有権の明確化，適切な土地保有制度の規定，先住民の慣習的，伝統的な権利の認定及び正当な手続きによる財産紛争解決手段の整備

7.1.b 関連セクターとの調整を含む，森林の多様な価値を踏まえた森林関連の定期的な計画，評価及び政策見直しに関する規定

7.1.c 森林に関連した政策や意思決定への国民の参加及び情報への国民のアクセスに関する規定

7.1.d 森林経営のための模範的な施業規定の推奨

7.1.e 特別な環境的，文化的，社会的及び／又は学術的な価値を保全するための森林経営に関する規定

7.2　制度的な枠組み

7.2.a 国民参画への取組及び公的な教育，啓蒙，普及事業に関する規定，並びに森林に関連した情報の提供

7.2.b 分野横断的な計画及び調整を含む，森林関連の定期的な計画，評価及び政策見直しの規格及び実行

7.2.c 関連専門分野を通じた人材の技能の開発及び維持

7.2.d 林産物及びサービスの提供を促進し森林経営を支えるための効果的なインフラストラクチャーの整備及び維持

7.2.e 法律，規則及びガイドラインの施行

7.3　経済的枠組み

7.3.a 投資の長期的な性格を踏まえ，森林の生産物及びサービスの長期的な需要を満たすために市況，非市場的な経済価値及び公共政策に対応して森林セクターの内外への資金の流動を促すような，投資及び課税政策，並びに政策環境

7.3.b 林産物の被差別的な貿易政策

7.4　測定とモニタリング

7.4.a 基準1-7の下にある指標を測定，記述するために重要な，最新のデータ，統計及びその他の情報の入手可能性及びその程度

7.4.b 森林資源調査，評価，モニタリング及び他の関連情報の範囲，頻度及び

統計的な信頼性

7.4.c 指標の測定，モニタリング及び報告に関する他の国との整合性

7.5 研究開発

7.5.a 森林生態系の特徴及び機能に関する科学的な理解の促進

7.5.b 環境的，社会的な費用及び便益の算定，並びに市場及び政策への統合を行うとともに，森林関連資源の減少又は増加を国民経済計算に反映させる手法の開発

7.5.c 新規技術の導入に伴う社会的，経済的な影響を評価するための新たな技術及び能力

7.5.d 森林への人為的な影響を予測する能力の向上

7.5.e 想定される気候変動の森林への影響を予測する能力

3 森林認証とCoC認証

木材生産のみを重視していた林業において，森林管理は個人の資産的意味合いが強く，その方針や進め方について公にされることがほとんどなかった。しかし，森林の公益的機能が重視される現代社会においては，森林管理の公益性のウェイトが大きくなり，森林生態系の維持と公益的機能の発揮に配慮した森林管理の方針や進め方が求められる。

また，木材生産による利益だけで森林管理を経済的に持続させることが困難な林業において，森林管理を持続させるためには森林環境譲与税や企業のCSRなどによる経済的援助が必要になってくる。それゆえ，森林計画について利害関係者間の合意を得るために，あるいは環境税などの導入について市民の理解を得るために，森林所有者と森林管理者サイドは森林管理の進め方を社会に対して説明する責任がある。

持続可能な森林管理を行っていることを社会的に説明するツールのひとつとして森林認証がある。森林認証は，木材貿易の南北間格差で生じた違法伐採による森林の減少と劣化の問題と，環境に優しく環境への負荷が少ない品物を購入したいとする消費者の動き（グリーンコンシューマリズム）の高まりを背景として生まれた，「適切な森林管理」を認証する制度である（井田 1997）。

FSCの森林認証を例に示すと，FSCは環境保全の点から見て適切で，社会的な利益にかない，経済的にも継続可能な森林管理を推進することを目的としており，このような森林管理がなされているかどうかを信頼できるシステムで評価し，適切な管理がなされている森林を「認証」する。評価にあたっては，「森林管理のためのFSCの10原則と基準」に基づいている（前澤 2000）。

図11-2　FSC森林認証のロゴマーク

原則1　法律とFSCの原則の遵守
原則2　保有権，使用権および責務
原則3　先住民の権利
原則4　地域社会との関係と労働者の権利
原則5　森林のもたらす便益
原則6　環境への影響
原則7　管理計画
原則8　モニタリングと評価
原則9　保護価値の高い森林の保存
原則10　植林

FSC森林認証は森林管理認証（FM認証：Forest Management Certification）とCoC認証（Chain of Custody）で構成される。森林管理認証には単独認証とグループ認証がある。単独認証はひとつの事業体として受ける認証であり，大規模な森林所有者あるいは森林管理者に適している。グループ認証は複数の事業体がひとつのグループとして受ける認証であり，森林組合や共有林などに適している。

FSCの認証森林から生産された木材には，一般の木材との見分けがつくようにFSCのロゴマークがつけられる（図11-2）。しかし，木材を製材するとそのロゴマークがなくなり，一般の木材からの製品が混じっていても見分けがつかなくなる。このように製材過程において一般の木材の混入を避けるために，認証材だけを専門に取り扱う製材所あるいは認証材の専用ラインを設けた製材所を認証する必要がある。これをCoC認証と称し，製材過程のみならず，認証材の製品が消費者に届くまでの加工過程ならびに流通過程も認証の対象となる（前澤 2000，図11-3）。

2019年1月現在，森林管理認証は世界84ヶ国，認証面積1億9600万haであり，日本国内では36件，面積約41万haの森林が認証されている（FSC JAPAN HP）。CoC認証は124ヶ国で3万6000件であるが，日本は1400件にのぼる（同前）。違法伐採が問題となっているインドネシア，マレーシア，ブラジルに認証林が広まりつつあることは，FSCの最初の目的である違法伐採をなくす目的が少しずつ達成されていることになる。しかし，アフリカにはまだFSC認証林が広まっていない。

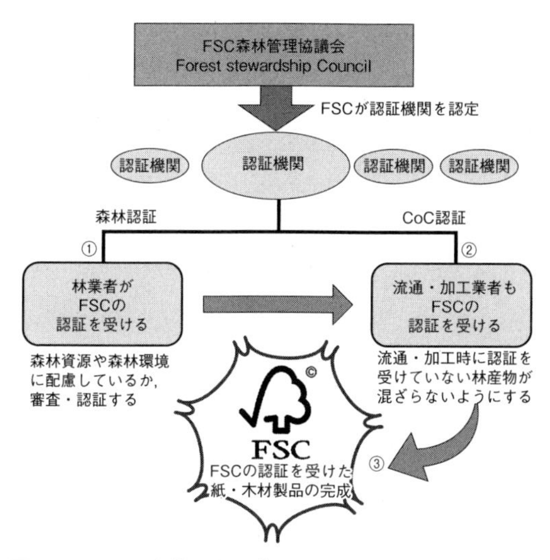

図11-3　FSC森林認証の仕組み
出所）FSC JAPAN HP.

FSC森林認証が環境保全や社会貢献など厳しい基準になっており，人工林が多く零細な森林所有者が多い日本の民有林ではハードルが高いため，日本独自の森林認証制度として「緑の循環」森林認証制度（SGEC：Sustainable Green Ecosystem Council）が2003年に設立された。SGECには2019年9月現在，140件で202万haの森林が認証されている（SGEC/PEFCジャパンHP）。

ステファン・バス（Stephan Bass）によると，森林認証の効果は，①政府と公共にとっての便益，②相対的・対外的便益，③経営体質改善・強化の便益に分けられる（白石 2004：51-52）。政府と公共にとっての便益としては，森林の管理基準を改善し，それを通じて森林の多面的機能を高めること，ならびに森林管理者の説明責任を果たすことなどがあげられる。すなわち，これまで木材生産の陰で後回しにされてきた環境保全に重点を置き，森林管理の方針と計画が改善されることによるメリットである（同前：51）。

相対的・対外的便益としては，生産者の市場へのアクセスやシェアを維持し高めること，ならびに認証木材に対する価格プレミアを得ることが期待される。CoC認証により認証材専用の流通経路ができることになり，これまで買い手市場であった市場へのかかわりを強めていくことができ，グリーンコンシューマリズムの後押しがあれば価格の上乗せによる一般材との差別化も可能となる（同前：50）。

経営体質改善・強化の便益としては，生産者の環境面，社会面でのリスクを軽減すること，ならびに従業員や出資者の自覚やモラル，技能を高めることが挙げられる。森林認証の取得に向けて，従業員一同で取り組むことを通して，彼らの森林管理に対する意識改革が行われ，さらに彼らが環境に配慮した計画と作業を実施することで認証森林の環境面や社会面のリスクを下げることができる（同前：50）。

反対に森林認証は多くの課題を背負っている。その一番の問題は森林認証に対する消費者の認知度が低いことである。FSC森林認証でさえ認証森林は日本の森林の1.6%を占めているに過ぎず，FSCのロゴマークの入った製品を小売店で目にすることはほとんどなく，ロゴマーク自体が認知されていない現状である。

また，森林認証は木材の品質保証ではないため，認証材にはピンからキリまでの幅広い品質があり，そこが消費者の理解を得られずに敬遠されがちなところでもある。これではせっかく森林認証を受けても，認証製品の販路拡大が望めず，認証材にプレミアをつけることも難しくなり，CoC認証を受ける事業体があまり増えていかない。

森林認証によるメリットをあまり感じることのできない森林所有者や森林管理者にとって，森林認証にかかる維持費と5年ごとの再審査費用は大きな負担となり，森林認証の継続を躊躇する向きも出てこよう。このような課題を解決するためには，以下のような取り組みが求められる。

➢消費者へのアッピール
➢認証製品の販売情報
➢地域産材認証（品質保証）との連携
➢認証製品の価格差別化
➢地方自治体によるFMグループ認証
➢最終的には認証木材以外の流通禁止

まずは消費者に森林認証を良く知ってもらうことが大切である。テレビや新聞などのマスコミを通して，もっと精力的にアッピールする必要がある。このコマーシャル活動は，政府あるいは森林認証機関が行うべきものであろう。

次に，認証製品にどのようなものがラインアップされていて，どこに行けば購入ができるのか，認証製品の販売情報を明確に公表する必要がある。インターネット販売もひとつの方法であるが，森林認証機関が情報を集約して提供することをさらに進めてほしい。

認証材であっても地域産材認証をさらに受けることで，品質の良い認証材は品質保証と地域産材販売のメリットを得ることができる。ウッドマイレージの考え方から地産地消の大切さが認識されれば，グリーンコンシューマリズムの後押しで地域産材に注目が集まるかもしれない。この土壌の上に，森林認証の認証材は価格プレミアを得ることができると考える。

農林水産省が2002年に行った「ラベリングによる価格上昇の許容範囲」の調査では，1割未満のプレミアに82%が，2割未満のプレミアに47%の国民が許容できるとの回答があり，森林認証が周知されれば1割のプレミアは現実的に望めると考えられる（農林水産省統計情報部 2002)。

FSC森林認証にかかるコストは，2000ha強の認証森林を有するあるグループ認証の場合，森林認証の取得に200～300万円かかり，これが5年ごとの再審査時にほぼ同じ費用がかかる。また，会費や毎年のモニタリングと監査などに年に80～100万円の維持管理費がかかる。この費用を軽減するために，県有林など地方自治体有林を森林認証し，これに民有林の認証森林を相乗りさせて，共同認証の形を取ることにより，民有林側の認証経費の削減を図ることができる。

2020年の東京オリンピックでは，原則的に森林認証木材が使われた。これを契機に森林認証材が社会に認知されて，販路が増えていくことを期待する。最終的には，国内の木材流通を認証材だけに限定し，認証材以外の流通を禁止すれば，すべての問題は解決する。しかしながら，価格のプレミアはそれと同時になくなるであろう。

4 国産材と地域産材を利用する

現代社会で生活する私たち消費者にできることを考えてみたい。グリーンコンシューマーという言葉がある。端的に説明すると，これは環境にやさしい製品を購入し，環境を悪くする廃棄物を減らす生活をする消費者のことである。地球温暖化問題を解決するためには，これまでのような企業のコマーシャリズムが作り上げた，流行を追い求めた大量消費と大量廃棄の生活を見直し，ある程度の不自由さをともなう犠牲が求められている。今さらエネルギー革命以前の生活に戻るという犠牲を強いることはナンセンスであると考えるが，流行に踊らされず，身の回りの大量消費と大量廃棄を自粛するだけでもかなりの効果が期待できる。その中で，環境にやさしい製品を少し高くても購入するという犠牲を払うことが消費者にできる努力ではないであろうか。

身の回りには石油製品があふれており，少し買い物をするだけで，食品のパックやトレーにレジ袋とプラスチックゴミがたちまち増えていく。資源ゴミはそのほとんどがプラスチックゴミであり，可燃ゴミよりも多くなっている現状である。資源ゴミとして回収されたプラスチックゴミは再生するためにエネルギーを必要とし，半分程度は焼却処分されていると聞く。まず，レジ袋をマイ買い物袋に変えることで，自分の家のプラスチックゴミを減らすことができる。次に，昔の市場のように新聞紙や経木など可燃物あるいは生分解可能なトレーやパックに小売店が変えていくことが望まれる。

木材や紙は最終的に焼却することで二酸化炭素を発生させるが，木が成長する時に同じ量の二酸化炭素を吸収するためカーボンニュートラルであるとされている。また，製品にするための人工乾燥や製材時のエネルギー消費量は，鉄やアルミニウムに比べると格段に少なく，この面でも環境にやさしいと評価できる。また，木材は再生産可能な資源であり，このバイオマスをエネルギー利用することにより，枯渇しつつある化石燃料に代わるエネルギー資源として期待されつつある。木材からのバイオエタノールの効率の良い生成方法が確立されれば，高騰する石油に代わるガソリンとして期待される。このような木材とバイオマスを積極的に利用するように心がけることが，少しでも地球環境に貢献することになる。

日本は市場原理によって第一次産業の保護をなおざりにし，外国から安い農産物や林産物を輸入してきた。特に，林産物に関しては1963年にすでに輸入関税が大幅に削減され，安い外国産材の大量輸入により，日本の林業は崩壊していった。山奥の製材工場までが外材を挽いており，山奥まで運ぶ費用を考えても外材の方が地元の国産材より安いという矛盾をもたらし，国産材を扱う製材工場が地域から姿を消していった。

資本主義国家においてもこれほど市場原理に侵され，国家の基盤となる第一次産業の自給率を維持することをまったく顧みずに，低価格だけを追い求めているのは日本だけである。いまだにこの国策は変わらず，第二次産業の大企業を優遇し，原料調達という足場と製品の輸出という先行きが不安定なこれら製造業にいまだにしがみついている。食糧，木材，鉄などの原材料の輸入が困難になっていく時代に入り，今すぐに第一次産業の復興を真剣に考えて，食糧自給率と木材自給率を高め，足場を固める国策を打つべきである。

私たち消費者側も価格の安さだけに踊らされて，その上，流行に左右され，耐久性のない，しかもあまり必要のない製品を購入するのではなく，耐久性と環境への影響を考えた必要最小限の選択をするべきである。外国からの輸送費を入れても低価格で輸入される外材であるが，輸送の際のエネルギー消費とそれにともなう二酸化炭素排出量は国産材に比べてかなり大きなものとなる。この二酸化炭素排出量を考慮に入れたウッドマイレージを木材製品に表示することで，環境面での国産材との差別化をアッピールすべきである。

物価が高騰し，税金が上昇するのに対して，賃金は上がらず，消費が伸び悩んでいる状況で，消費者は生活必需品を1円でも安く買いたいという思いがある。その一方で，輸入食品の安全問題，日本の気候で腐りやすいホワイトウッドなど輸入製品の品質問題，そして地球温暖化問題もあり，消費者の志向が国産に傾きつつあることも確かである。この契機を利用して，今こそ国産材のアッピールを国も地方自治体も大々的に行うべきである。国産材の利用，特に地域産材の利用は，輸送にともなうエネルギー消費を最低限に抑えることができ，地球温暖化対策に大きく貢献できる。

木造軸組工法で2000万円の住宅を建てるとすると，木材の資材費は1割の

200万円に過ぎないと聞く。実にシステムキッチンやユニットバスの方が，構造材の資材費よりも高いのである。この200万円が1割高くなったとしても20万円の違いである。この安さを求めて，遠い海外からの外国産材を使うことにより，二酸化炭素の排出に貢献するばかりではなく，場合によっては違法伐採に加担することになる。違法伐採は日本の商社のように購入先がいるから行われる。違法伐採の木材は，不当に安く取引されるから購入されるのであり，そのため低コストの粗暴なやり方による乱獲が行われ，森林資源が失われるとともに，森林環境が破壊される。そして，そこで生活をしている住民にしわ寄せが来ることになる。

日本でも違法伐採された木材を輸入しないように，2001年に施行されたグリーン購入法に，2006年から対象品目の木材と木材製品について，合法性と持続可能性が証明されたものを購入しなければならないという規定を追加した。合法性などの証明方法に森林認証を活用する方法が入っている。また，2003年からNGOによるフェアウッド・キャンペーンが実施され，木材や紙のグリーン調達を推進することと，そのために木材や紙のサプライチェーン・マネジメントを行い，持続可能な森林経営が行われるよう購入者として要望していく行動を呼びかけている。フェアウッドとは，最低限合法な木材，持続可能な森林経営を目指している木材，信頼できる第三者機関の認証を受けた木材，できるだけ近くの森林から出た木材を指す。

国産材についても，低コストにこだわった乱伐による木材ではなく，持続可能な森林管理を行っている森林から出されたことを認証された認証材を選択できるように，森林認証の宣伝と普及が求められる。そして，地域産材と森林認証材が質と量ともに安定供給され，消費者がそれらを購入できるような木材流通に改革していく必要がある。今の状況では，どこでそれらの木材や製品を購入できるのかまったく情報がない。

以上の体制が整ってきたら，今度は私たち消費者側の選択に委ねられることになる。すなわち価格を取るか，環境を取るかの選択である。消費者ニーズがなければ，せっかく新たに考えられた木材流通であっても成り立たないため，消費者側の選択はとても大きな影響を与える。消費者が環境にやさしい製品の価格プレミアをどの範囲まで許容できるか。1割未満の価格上昇なら約8割の国民が許容できることになり，ほぼ国民のコンセンサスは得られると考えられる。ここでポイントとなるのは，地域産材と森林認証材が環境にやさしいことを広く国民にアッピールすることであり，製品情報と販売ルートを明確に情報提供することである。

◉――もっと詳しく森林認証について知りたい方にお勧めの本

M・B・ジェンキンス／E・T・スミス　2002『森林ビジネス革命――環境認証がひらく持続可能な未来』大田伊久雄・梶原晃・白石則彦編訳，築地書館

◉――参考文献

FSC JAPAN HP　https://jp.fsc.org/jp-jp（2019年10月22日閲覧）

ギャレット・ハーディン　1993「共有地の悲劇」K・S・シュレーダー＝フレチェット編『環境の倫理　下』京都生命倫理研究会訳，晃洋書房

広嶋卓也　1999「線形計画法による持続可能な森林経営の目標設定――モントリオール・プロセスの基準・指標を事例として」『日本林学会誌』81（3）：245-249

本田裕志　1998「消費者の自由と責任」加藤尚武編『環境と倫理』有斐閣，187-205頁

井田篤雄　1997「林業分野におけるISO14000シリーズ及びFSCについて――木材認証・ラベリングを巡る動き」『森林計画研究会会報』377：13-16

国連開発計画（UNDP）駐日代表事務所HP　https://www.jp.undp.org/content/tokyo/ja/home/（2019年10月22日閲覧）

前澤英士　2000「森林認証制度――特にFSCについて」『森林計画学会誌』34（2）：105-114

農林水産省統計情報部　2002『森林認証に関する意識・意向――平成14年度農林水産情報交流ネットワーク事業　全国アンケート結果』農林水産省統計情報

農林水産省HP　https://www.maff.go.jp/j/shokusan/sdgs/sdgs_target.html（2019年10月22日閲覧）

林野庁　2007『温・亜寒帯林の保全と持続可能な経営のためのモントリオール・プロセスの基準及び指標　第2版』林野庁

林野庁　2008『森林・林業白書　平成20年版』日本林業協会

SGEC/PEFCジャパンHP　https://sgec-pefcj.jp/（2019年10月22日閲覧）

森林総合研究所　2011「基準・指標を適用した持続可能な森林管理・計画手法の開発」『森林総合研究所交付金プロジェクト研究成果集』43

白石則彦　2004「森林認証制度と我が国の森林・林業の将来」『森林科学』42：51-56

おわりに

森林に関する研究は，自然科学から社会科学まで多岐に渡っています。それぞれの専門分野で先進的な研究を進めていますが，その目指す方向はそれぞれ異なります。また，それらの研究から理想的な森林の姿が示されますが，それを実行しようとするとコスト，技術，行政，地形など様々な条件が障害となり，森林の現場で実現されません。実にこれらの条件がボトルネックとなり，研究の理想と森林の現実の間にギャップが生じています。

そこで，森林利用学の役割は，これらの多岐にわたる専門分野の成果を総合化し，水土保全，木材生産，森林管理，そしてレクリエーション利用などのための出口へと交通整理し，持続可能な森林管理を目指して，森林の現場への研究成果の活用を図ることにあると考えています。ただし，最新の科学的知見を現場に示しても，あまりに専門的すぎては現場では使えないことになります。他の科学的知見も加えて検討し，使うための条件を整理し，使える形にする作業を行わなければなりません。この総合化にあたっては森林管理や施業を行うための明確なビジョンを示さなければ，現場の人間にはわかりづらい知識となってしまいます。また，私たち研究者が技術論のみの世界に入ってしまうと，世の中の流れに気づかなくなり，自分たちの研究の足場を見失うことになりかねません。ここでも森林管理を進めていく上でのビジョンが必要であることを痛感してきました。

この本の構想は二十数年前にさかのぼります。20世紀末の世の中では環境保全の動きが強く，産業として崩壊し始めていた林業は自然破壊のそしりを受けて経済的にも社会的にも低迷し，林業に関連する森林利用学は林業の衰退とともに滅び行く学問分野として見られていました。森林利用学の中でもマイナーな労働科学を専門としている筆者は，技術論だけに目を向けていている森林利用学に将来性のない行き詰まりを感じ，ニーズがなければニーズを創り出さなくてはと考え，森林管理の中に森林利用学の新たな展開を模索してきました。とにかくこのままでは崩れてゆきそうな自分の研究の足場をしっかりさせたいという思いがこの本を計画する最初の動機でした。

その間にも，産業としての林業の低迷は関連研究との結びつきを弱め，林学が森林科学に名称を変えたことに象徴されるように，森林研究はますます林業の現場から離れた道を進みつつあります。すなわち森林科学は農学部という実学の組織に身を置きながら，産業としての林業から離れて生態や環境というサイエンスにシフトしてきました。その結果，多くの大学において林業に関連する講義が減少傾向にあり，学生たちは林業の存在をほとんど意識しないまま社会に送り出されてゆきます。

一方，森林・林業サイドでは相変わらず経済性原理が幅を利かせていて，材価が低迷すると施業放棄により森林が荒れたり，補助金目当ての水土保全林が拡大したり，反対に少し需要が増えると一部地域では供給量を確保するために大面積皆伐まで復活しており，多くの森林がとても持続可能な森林管理の行えない状態に置かれています。これは本来，持続可能な森林管理をモットーにしている林業から倫理感が失われた結果であるといえます。

このような研究と現場の間のギャップを埋めるためには，持続可能な森林管理のあり方について理念づくりから具体的な技術に至るまでの流れを整理して構築し，お互いに再認識する必要があります。本書は，そのための森林管理の考え方と方向性を示すことを試みました。近年，森林系の異なる専門分野の研究者の共著による総合的な教科書がいくつか発刊されています。それらには生態系を重視した森林管理のあり方が中心に述べられていますが，森林を管理する人間の視点でまとめられた書物がないように思われます。本書の各章には人間にかかわること（ヒューマンファクター）が必ず記述されています。それは森林と人間の共生を考える場合に，森林生態系を尊重することを第一義としても，人間側の問題を抜きにしては実現することができないばかりではなく，現在ならびに将来の森林管理にヒューマンファクターが決定的な影響力を持っていると考えるからです。

それゆえ，本書は人間中心主義の立場を取りながら，森林生態系を重視する森林管理のあり方を検討するという環境プラグマティズム的な考え方を踏襲しています。そのポイントをまとめますと，第一に，森林管理にスタンダードな方法や技術はなく，現場をよく知った上で現場に最適なものを選択するということです。自分の理論や技術が何においても正しいものと思いこむことは世の常ですが，それを一部の有識者や現場関係者が国内のスタンダードとして押しつけることが問題であります。彼らは自分たちの理論や技術の適用限界を冷静に認めるべきでありますし，森林関係者はそれらを鵜呑みにしないことが肝心です。

第二に，森林管理を実行する際には「なにが大切か？」ということを常に自覚することです。例えば，道路は森林管理をするために整備するのであり，決して山を破壊するために開設するのではありません。間伐は対象とする森林を育成するために行うのであり，決して間伐時の利益を上げるために残存木に傷をつけてもよいということではありません。主伐は次代の森林を更新するために行うのであり，決して採算が取れないからといって造林放棄して良いということではありません。森林所有者，森林計画者，林業技術者，林業技能者をはじめ森林関係者は「なにが大切か？」という自問を常に持つべきです。

第三に，森林管理の正しい理解を一般市民に広めることです。いまだに森林を伐ることは自然破壊だという誤解をしている市民が多いので，自然破壊となる乱伐や盗伐と森林を健全に管理するための作業の違いを広く知ってもらい，精神的かつ経済的な協力が得られるように説明することが森林関係者に求められています。

最後に，本書を通して森林関係者がヒューマンファクターを中心に森林管理を見直し，人間サイドから森林管理の諸問題を解決する糸口を考えるきっかけになれば幸いです。

著　　者

索　引

●さ●

●た●

●な●

●は●

●ま●

●や●

●ら●

●アルファベット●

■著者紹介

山田容三（やまだ・ようぞう）

1957年3月生まれ。

愛媛大学大学院農学研究科教授，森林環境管理学サブコース長。

略歴：京都大学農学部林学科卒業後，1983年に京都大学大学院農学研究科林学専攻の修士課程を修了，その後，農学部附属北海道演習林に5年間勤務。1988年に森林総合研究所生産技術部労働科学研究室（つくば市）に異動。2000年に名古屋大学大学院生命農学研究科森林資源利用学研究分野に異動。2015年に愛媛大学に異動。現在に至る。

研究歴：学生時代から林業技能者の歩行についての研究を始め，その労働負担からみた最適な道路整備の論文で1986年に京都大学農学博士号を授与される。森林総合研究所では心拍数計測を中心とした林業作業の労働負担の研究を続け，林業用モノレール利用による労働負担の軽減効果の研究で2000年に森林利用学会賞を授与される。また，その頃から普及し始めた高性能林業機械の操作性と疲労の研究を進める。名古屋大学では，労働負担の研究手法を生かし，森林のセラピー効果の研究を手がけるとともに，森林バイオマス資源の把握と利用に関する研究，林業技能者の育成の研究を展開してきた。近年は環境倫理に目覚め，森林管理の理念づくりや森林施業法と森林利用の関係について研究を進め，著書『森林管理の理念と技術』で2013年に日本森林学会賞を授与される。愛媛大学では，林業労働安全に関する研究に集中し，近接警報装置，林業安全ゲーム，林業版WISE（WIFM）の開発を行う。また，IUFRO（国際森林研究機関連合）の森林労働科学研究グループのコーディネーターを10年間務め，日本で国際会議を2回開催した。

著書：『森林管理の理念と技術』（昭和堂，2009）単著。『林業機械ハンドブック』（スリーエム研究会，1991），『林業技術ハンドブック』（全国林業改良普及協会，1998），『機械化のマネジメント』（全国林業改良普及協会, 2001），『森への働きかけ』（海青社, 2010），『未来へつなぐたからもの』（風媒社，2012），『森林学』（丸善出版，2020），『森林利用学』（丸善出版，2020）など（いずれも分担執筆）。

SDGs時代の森林管理の理念と技術――森林と人間の共生の道へ［改訂版］

2020年5月15日　初　版第1刷発行
2021年7月15日　改訂版第1刷発行

著　者　山田容三
発行者　杉田啓三

〒607-8494　京都市山科区日ノ岡堤谷町3-1
発行所　株式会社昭和堂
振込口座　01060-5-9347
TEL（075）502-7500／FAX（075）502-7501
ホームページ　http://www.showado-kyoto.jp

印刷　亜細亜印刷

ISBN 978-4-8122-2032-0